U0098799

Seadove

Seadove

Seadove

Seadove

用思考致富

·每一頁都可以讓你賺錢·

全球三大財富書

亞馬遜網路書店暢銷經典

我一生最大的成就之一，就是幫助拿破崙·希爾完成這本書，這比我的財富更重要。
它不僅是一個脫離貧困和實現經濟富裕的方法，更是一門建立完善人格和享受豐盛人生的學問。
——鋼鐵大王 安德魯·卡內基

前言

一八八三年十月二十六日，拿破崙・希爾出生於美國維吉尼亞州一個貧寒之家。他還是小孩的時候，繼母就激勵他去成為一個大人物，做出偉大的成就，使得他從小就堅定自己的信念。一九〇八年，他在一家雜誌社工作，有幸採訪到鋼鐵大王安德魯・卡內基。卡內基發現他身上的創造性，建議他從事美國成功人士的研究工作，並且利用私人情誼，把他引薦給美國政界、工商界、科學界、金融界等取得卓越成績的成功人士。在以後的二十年間，他採訪包括福特、狄奧多・羅斯福、洛克菲勒、愛迪生、貝爾在內的五百零四位當時最成功的人士。一九三七年，他撰寫十七萬字，完成《思考致富》一書。我們編譯的這本《用思考致富》，選取其中和現代人生活關係較為密切而有代表意義的文章，可謂拿破崙・希爾有關《思考致富》的精華版。

在本書中，我們去繁就簡，以具有典型事例的致富思路和步驟貫穿全書，明確告訴讀者如何獲取財富。在本書中，我們建議如何確定自己的目標，如何加強信心、增強毅力、下定決心，以及如何保持想要成功的欲望和激情，可以讓讀者清晰明白和掌握具體步驟，找到致富的可行之法。**拿破崙·希爾說：「只要我們可以想像到並且堅信的事情，它一定可以實現。」**

相信這本書可以激勵讀者敢於面對逆境和困境，積極獲得財富，改變平凡的生活，由平庸變得卓越。

目錄

一第2章一

欲望是獲得人生財富的發動機

Think and Grow Rich

用思考致富

一第3章一

抓住機會，不要讓遺憾阻礙自己

—第4章—
堅持和相信，可以讓自己克服所有困難

一第5章一 思考讓自己變得富有的有效途徑

一第7章一 我們可以主導自己的命運

—第1章—

夢想具有偉大的力量

全球富豪約翰・富勒第一桶金的故事

每個人的身上都戴著無形的護身符：一邊是「積極心態」，可以招來財富、成功、快樂、健康，使自己登峰造極，毫不動搖；另一邊是「消極心態」，阻擋所有美好的事物，使自己一生平凡無奇，甚至從峰頂跌至谷底。

約翰・富勒的故事，就是最好的證明。

約翰・富勒的父親是路易斯安那州黑人佃農，家中有七個兄弟姐妹。他從五歲就開始工作，九歲的時候會趕騾子。這些一點也不稀奇，因為佃農的孩子大多在年幼的時候就必須工作，他們對於貧窮十分認命。

富勒有一位偉大的母親，她始終相信一家人應該過著快樂而且衣食無憂的生活，經常和兒子談到自己的夢想。

「我們不應該這麼貧窮，」她經常這麼說，「不要認為貧窮是上帝的旨意。我們很貧窮，但是不能怨天尤人。那是因為爸爸從來不想追求富裕的生活，家中每個人都是胸無大志。」

沒有一個人想要追求財富。這句話深植富勒的心中，並且改變他的一生。他想要躋身富人之列，開始努力追求財富。他認為推銷東西是最快速的致富捷徑，他選擇挨家挨戶推銷肥皂。十二年以後，他得知供貨的公司即將被拍賣，底價是十五萬美元。談判的結果，他用自己積蓄的兩萬五千美元作為訂金，答應在十天之內籌到十二萬五千美元。合約中規定，如果逾時沒有補齊款項，將會沒收訂金。

富勒的工作態度認真，經常受到客戶稱讚。現在他需要幫忙，他向朋友、信託公司、投資集團借錢，到了第十天晚上，他籌到十一萬五千美元，還差一萬美元。

「我已經想盡所有的辦法，」他回憶當時的情形，「時間不早了，房間裡一片漆黑，我跪下來祈禱，請求上帝指引，有人可以在期限內借我一萬美元。我決定開車沿著芝加哥第六十一街走下去，默默請求上帝給我一線曙光。當時是晚上十一點，過了幾個路口，終於看到一家廠商的辦公室裡還有燈光。」

富勒走進辦公室，那位廠商正在埋頭工作，由於熬夜加班，已經疲憊不堪。富勒和他略有交情，於是鼓起勇氣。

「你想不想賺一千美元？」富勒直截了當地問。

那位廠商回答：「想，當然想。」

「借我一萬美元，我會外加一千美元紅利還給你。」富勒告訴那位廠商，並且詳細說明自己的投資計畫。

富勒的口袋裡放著一萬美元的支票，走出廠商的辦公室。其後，他不僅從接手的公司獲得可觀的利潤，並且陸續收購七家公司，其中包括四家化妝品公司、一家製襪公司、一家標籤公司、一家報社。

富勒的起點比一般人更不利，但是他有遠大的目標，勇往直前。**拿破崙·希爾說：「每個人的目標都不同，我們有權利選擇自己要追求什麼。」**

並非每個人都要像富勒一樣，成為一個企業家；並非每個人都願意付出成為藝術家的昂貴代價。每個人對「財富」的定義不同，也有人認為，每天過得快樂幸福，就是成功。無論我們追求的是像富勒一樣擁有財富，或是發現新的化學元素、栽培玫瑰花、養兒育女，都需要積極心態才可以成功。

無論做什麼，要有成為第一名的目標

不要以賺錢為目標，也不要以出名為目標，應該以成為自己行業中的第一名為目標。只要成為自己行業中的第一名，就可以賺很多錢；只要成為自己行業中的第一名，就可以出名；只要成為自己行業中的第一名，就可以成功！

要做就做最好的，只要你是最好的，所有美好的事物就會向你聚集。喬丹打籃球成為世界頂尖籃球明星，不僅一年收入幾千萬美金，而且有人找他拍電影和廣告，還有人找他出書。

他的運動鞋需要自己買嗎？不用，耐吉公司會提供；他的西裝需要自己買嗎？也不用，別人不僅免費提供還要付他廣告費，甚至香水廠商還會用他的名字與肖像生產香水。喬丹什麼事情都不用做，只要提供名字與肖像，別人就會送他三〇%的股份。為什麼？因為他是世界上最偉大的籃球明星。

成龍拍電影的時候，許多汽車廠商主動爭取免費提供汽車的機會，讓他在電影中表演特技。成龍選中日本三菱跑車，三菱公司立刻提供一百輛新車讓他拍攝賽車鏡頭，他將車子撞得稀爛，三菱公司也分文不取，為什麼？因為成龍是最棒的，他的電影總是最賣座的。

成龍拍一部電影需要許多特技鏡頭，拍攝的時候，當地政府派出警察管制交通甚至封閉道路也不收取費用，只是為了協助他拍電影。為什麼？因為成龍是世界最頂尖的特技明星，他的電影在國際上非常賣座。

成龍在馬來西亞拍電影，不小心將「萬寶路香菸」的看板撞壞，萬寶路公司不僅不要求賠償，還決定不必將看板修好，因為是成龍撞壞的，宣傳價值更大。

成龍從小練功，為了進入戲班演戲，七歲開始吃苦，後來成為電影替身演員從事危險動作。當時，他替李小龍做特技替身，立志要超越李小龍成為國際巨星，歷經四十年艱苦磨練以後，終於成為國際巨星。他拍電影的收入都是以分紅方式獲取，雖然片酬不高，但是分紅收入總是超越別人的片酬。因為電影如果賣座，全世界的電影院都在替他賺錢，好萊塢巨星開餐廳也會來香港要求他合夥。這到底是為什麼？不是他去爭取的，而是他立志成為行業中的第一名。他做到了，別人也會奉送他許多好處。

不要研究其他的事物，只要研究自己目前在自己的行業中排名第幾。自己銷售的產品是不是領導品牌？誰是這個行業的第一名？下定決心做得比他更好，向他學習並且超越他，就可以獲得成功，並且實現所有的夢想。

日本最大汽車製造商本田發跡啟示錄

本田宗一郎還是學生的時候，就變賣所有家產，全心投入心目中認為理想的汽車活塞環的設計製造。

他夜以繼日地工作，與油汙為伍，累了就睡在工廠裡，期望早日把產品製造出來，以賣給豐田汽車公司。為了繼續這項工作，他甚至變賣妻子的首飾。

最後，產品終於出來了，並且送到豐田公司，但是被認為品質不合格而被退貨。

為了求取更多的知識，他重回學校苦修兩年。這段期間，他的設計經常被老師或同學嘲笑，被認為不切實際。他無視於這些痛苦，仍然咬緊牙關朝著目標前進，終於在兩年之後取得豐田公司的購買合約，完成自己長久以來的願望。

此後一切，並不是一帆風順，他又遇到新問題。當時，因為日本政府引起第二次世界大戰，所有物資緊縮，美國政府禁止販賣水泥給他建造工廠。

他是否就此放棄？沒有。他是否怨天尤人？他是否認為美夢破碎？一點都沒有！相反地，他決定另謀他途，和工作夥伴研究新的水泥製造方法，建造自己的工廠。戰爭期間，這座工廠遭到美國空軍兩次轟炸，毀掉大部分的製造設備，本田宗一郎如何應對？他立刻召集一些工人，去撿拾美軍飛機丟棄的汽油桶，作為本田工廠製造用的材料。

在此之後，他們又遇到地震，毀壞整座工廠。這個時候，本田宗一郎只好把製造活塞環的技術賣給豐田公司。本田宗一郎是一個偉大的企業家，他清楚地知道應該如何邁向成功，除了要擁有最好的製造技術，還要對自己做的事情深具信心與毅力，不斷嘗試並且多次調整方向，雖然目標暫時不見蹤影，但是他始終不屈不撓。

第二次世界大戰結束以後，日本遭遇嚴重的汽油短缺，本田宗一郎無法開著車子出門購買家裡需要的食物。在極度沮喪下，他試著把馬達裝在腳踏車上。

他知道如果成功，鄰居們一定會請求自己為他們裝一輛摩托腳踏車。果不其然，他裝了一輛又一輛，直到手中的馬達都用光了。他想到，為什麼不開一家工廠，專門生產自己發明的摩托車？可惜的是：他欠缺資金。他決定無論如何要想出辦法，最後想到求助於日本全國的腳踏車店。

他用心寫了一封言詞懇切的信給每家腳踏車店，告訴他們如何藉由自己發明的產品，在振興日本經濟上扮演重要角色，結果他說服五千家腳踏車店，湊齊所需要的資金。然而，當時他生產的摩托車龐大而笨重，只能賣給少數的摩托車迷。為了擴大市場，本田宗一郎把摩托車改得更輕巧，推出以後立刻贏得滿堂彩，因而獲頒「天皇賞」。

隨後，他的摩托車又外銷到歐美國家。二十世紀七〇年代，本田公司開始生產汽車，並且獲得好評。

現在，本田公司在日本和美國總共雇有員工超過十萬人，是日本最大的汽車製造公司之一，在美國的銷售量僅次於豐田公司。

本田公司可以有今天的輝煌，是因為本田宗一郎深知，自己做出的決定或是採取的行動有時候只能應付眼前的狀況，然而想要成功，就要鍥而不捨。

成功和失敗都不是一天造成的，而是一步一步累積的結果。決定制定更高的追求目標、決定掌握自我而不受控於環境、決定把眼光放遠、決定採取何種行動、決定繼續堅持下去，做得好就會成功，做得不好就會失敗。

比爾・蓋茲的傳奇經歷

人生是一場大火，我們唯一可以做的，就是從這場大火中多搶救一些東西出來。

著名印象派畫家高更有一句十分經典的話：「我們從哪裡來，我們往哪裡去？」

在人生旅途中，我們會遭遇許多讓自己左右為難的問題。選擇就表示我們必須放棄其中一樣，可是有時候我們面對的並非西瓜和芝麻這樣簡單的選擇，它有可能是兩朵美麗的花或是兩棵繁茂的樹，讓我們很難做出選擇。

這個時候，我們應該怎麼辦？其實，關鍵就是：我們要找對自己的方向。找對方向，就是一個好的開始，好的開始是成功的一半。

比爾・蓋茲是一個商業奇蹟的締造者，也是一個懂得選擇方向的人。

比爾・蓋茲在中學時代，就是一個比同齡人先行一步的孩子。老師要求寫一篇千字左右的作文，他卻一口氣寫了十幾篇。

他做出的最重要的選擇就是休學。哈佛大學是許多人夢寐以求的學府，考上哈佛大學的比爾・蓋茲卻在大學三年級的時候，毅然決然地選擇休學。這不是一般人可以擁有的決心和勇氣，只有這樣的決心和勇氣，才有可能成為非凡的人物！

剛滿二十歲的他，對電腦十分感興趣，並且深信：總有一天，電腦會像電視一樣，走入每個家庭。他堅定的信念，不僅打動自己，也打動夥伴，打動父母。

試想一下，假如比爾・蓋茲依然在哈佛大學深造，學習千篇一律的東西，還有可能革新電腦界嗎？也許他會成為一個白領階級，但是不可能成為一個改變世界的人物。

他曾經說過一句激動人心的話：「人生是一場大火，我們唯一可以做的，就是從這場大火中多搶救一些東西出來。」

秉持這種人生短暫如火花的信念，他及時地做出選擇。這個故事告訴我們：做出選擇的時候，一定要當機立斷。

一個可以看清方向的人，就像一艘行駛在海上的船，不會迷失在風中。我們的精力有限，不可能面面俱到。想要得到一切的人，最終可能什麼也不會得到。所以，我們要看清方向，認準方向。選擇一條最好的道路，我們的人生境遇就會全然不同。

相信自己一定可以，就可以實現夢想

金錢總是投入喜歡它的人的懷抱。

你喜歡錢，為什麼無法賺到錢？因為你不相信自己可以賺到錢。

麥可・喬丹在三十四歲的時候，公牛隊付給他的年薪加上廠商付給他的廣告費，讓他一年有八千萬美元的收入。

李奧納多・狄卡皮歐在拍完《鐵達尼號》之後一年內，獲得三千三百萬美元的分紅，而且每部電影都是兩千一百萬美元以上的片酬，當年他只有二十三歲。

比爾・蓋茲在四十四歲的時候，擁有一千零六十億美元的資產，他是在二十歲才開始創業。

世界上有這麼多的人在年輕的時候就已經賺到錢，他們可以，你為什麼不可以？相信自己也可以，就一定可以！

必須相信自己可以，不要管別人怎麼說，不要被小人物的思想影響。

相信自己可以，自己的潛力就會被激發出來，自己的行動就會發生改變，結果就會完全不同。

認為自己沒有能力，怎麼可能有積極的行動？

一個人不相信自己可以賺到錢，教導他任何賺錢的方法都是沒有用的。

其實，賺錢是很容易的，只要知道那些有錢人如何賺錢，採用什麼方法？使用什麼特定的秘訣與步驟？他們做對哪些事情？他們採取哪些行動？完全瞭解他們賺錢的過程，只要依照他們的方法去做，就可以有類似的結果。

每個成功人士都是遵循某些固定的法則，採取某些不變的道理而獲得成功。你沒有像他們一樣成功，是因為你不知道他們的秘訣，假如你知道他們的秘訣，例如：他們如何推銷，如何行銷，如何領導，如何管理，如何養成自己的習慣，如何增強自己的行動力、培養自己的信心、提升自己的說服力，如何學習大量的資訊……你也會像他們一樣成功！

假如你還是不相信自己可以賺到錢，就表示你與成功者不是很接近。你要接近他們，與他們交往，向他們學習，與他們一起工作，向他們請教，透過與他們交朋友，你會發現成功很簡單，他們可以，你也可以。

現在立刻行動。一本書、一句話、一個朋友、一個課程，都會改變你。

假如你不相信自己可以，沒有任何方法可以讓你賺錢；假如你相信自己可以，就可以實現所有的夢想！

無條件相信的力量

這是許多成功人士都可以熟讀成誦的《阿爾伯特·哈伯德的商業信條》：

「我相信我自己。」

「我相信自己銷售的商品。」

「我相信自己的公司。」

「我相信自己的同事和助手。」

「我相信美國的商業方式。」

「我相信生產者、創造者、製造者、銷售者，以及世界上所有正在努力工作的人們。」

「我相信真理就是價值。」

「我相信愉快的心情，也相信健康。我相信成功的關鍵不是賺錢，而是創造價值。創造價值，回報就會自動湧來。」

「我相信陽光、空氣、菠菜、蘋果醬、優酪乳、嬰兒、羽綢、雪紡綢。請始終記住，英語中最偉大的詞語是『自信』。」

「我相信自己銷售一件產品，就會交到一個新朋友。」

「我相信自己與一個人分別的時候，一定要做到我們再見面的時候，他看到我很高興，我見到他也很愉快。」

「我相信工作的雙手、思考的大腦、愛的心靈。」

如果一個人可以用這樣的心態去工作，其工作完成品質絕對與那些牢騷滿腹的人得到的結果不同。

想要把工作做好，就要對自己的公司、產品、服務理念，保持百分之百的信心。

相信，你就可以看見。一個球員如果不相信自己的球隊可以獲勝，就已經輸掉這場比賽；一個醫生如果不相信自己的病人可以獲救，這個病人已經死定了；一個推銷員如果不相信自己推銷的產品，他的產品永遠無法賣出去。

相信自己，就會變得豁達而充滿智慧；相信自己的公司、自己的主管、自己的同事、自己的工作，就可以卓越成長；相信自己的戀人，就會擁有健康的愛情；相信信念與寬容，就可以創造每個生命中的奇蹟。

相信不能保證一定會贏，但是不相信卻一定會輸。如果相信成為自己內心的主宰，力量就會隨之而來，這個時候的相信就會成為信念——一種真正的精神動力：

「我們一定會贏，我們一定會贏！」

「只要有我在，手術一定會成功！」

「我推銷的產品絕對是一流的，我是最好的客戶顧問，客戶一定會喜歡我！」

「我對我們的團隊很有信心，我堅信我們永遠都是第一名！」

「我喜歡和熱愛自己的工作，我可以做得非常出色！」

「我對自己很有信心，沒有什麼可以阻擋我！」

很多人只是在看見以後才會相信，真正的成功者通常在看見以前就百分之百的相信，他們在失敗以後仍然對自己的目標堅信無比。

客戶和經銷商以及所有的合作者，他們之所以與我們合作，是因為從我們身上看到公司的希望，這正是他們與我們合作的理由。在工作的時候，我們要把對公司的信心調到最高層次——把那些讓自己獲益的信條永遠刻在心上，變成骨子裡的熱愛。

永遠去注意自己想要的，而不是不想要的

有一位心理學教授用最得意的兩個學生做實驗。他把兩人找來，給每人六隻白老鼠，然後對他們說，想要看他們可以在一個月之內教會老鼠做什麼事情。

教授對其中一個學生說：「你很幸運，因為你的老鼠是由傑出的基因培養出來的。一個月之後，我希望你可以教會牠們任何學得會的東西——翻身、坐下、裝死……」教授對另一個學生說，他分到的只是普通的老鼠，想要教會牠們什麼，只是白費心機而已。

一個月之後，兩個學生帶著自己的白老鼠回來。第一個學生對自己的成果感到很興奮，教出的老鼠就像訓練有素的馬戲團員，翻身、坐下、裝死等把戲都很拿手，一個口令一個動作。第二個學生對教授說：「你說得對，我的老鼠真是笨老鼠，整天縮在角落一邊，給牠們食物也不敢過來吃，我無法教會牠們做任何事情。」

這位教授笑著對兩個學生說：「這一切，只是一個實驗而已。十二隻老鼠都是一樣的，唯一的差別只是在於你們，一個注意力在於怎樣可以教會牠們，另一個注意力在於怎樣不能教會牠們。」

人類的注意力很有意思：我們注意什麼，就會得到什麼。

我們做一個實驗：請你看看自己的房間裡有什麼東西是紅色的。好的，你做得很好，然後請你閉上眼睛。閉上了吧？現在請你告訴我，你的房間裡有什麼東西是黑色的？告訴我，你可以說出來嗎？不用說，你說出來的東西是非常少的幾件。

為什麼？注意力導致結果。因為你的意識經過指令控制以後，完全把注意力集中在「紅色」的東西，而非「黑色」的東西——你在任何方面的注意力，都會決定自己在這個方面取得的結果。

某日，一位老師拿出一張中間有一個黑點的白紙，然後問學生們看見什麼。學生們盯住白紙，齊聲大喊：「一個黑點！」

老師沮喪地說：「這麼大的白紙沒有看見，只看到一個黑點，將來你們的一生會非常不幸。」

整個教室寂靜無聲。沉默中，老師又拿出一張黑紙，中間有一個白點，然後問學生們看見什麼，學生們開竅了：「一個白點。」

老師欣慰地笑了：「太好了，無限美好的未來在等著你們。」

注意力等於結果，注意力導致結果。我們的注意力轉向哪裡，我們的心就轉向哪裡。因此，我們要永遠去注意自己想要的，而不是不想要的。

想像的魔力，讓你每年推銷兩萬五千美元

如果我們正確使用自己的想像力，它會幫助我們把自己的失敗與錯誤變成價值非凡的資產，也會引導我們去發現一個只有使用想像力的人才可以知道的真理，那就是：**生活中的最大逆境和不幸，經常會帶來美好的機會。**

美國最好的一位雕刻師，以前是一個郵差。有一天，他搭上一輛電車，不幸發生車禍，使自己一條腿因此被鋸掉。電車公司付給他五千美金，賠償他的損失。他拿了這筆錢去上學，最後成為一位雕刻師。

他雙手製造的產品，加上自己的想像力，比之前的工作可以賺到的錢更多。由於電車發生車禍，他必須改變自己努力的目標，結果他發現自己原來也有想像力。

由於神經系統無法區分生動的想像出來的經驗和實際的經驗，心理的圖像就為我們提供一個實踐機會，把新的優點和方法「付諸實踐」，為我們獲得成功和幸福開拓一條新途徑。

如果我們正在想像自己以某種方式做事，實際上幾乎也是在這麼做，想像為我們提供的實踐可以幫助這種行為臻於完美。進行一個人為控制的實驗，心理學家可以證明：讓一個人每天坐在靶紙前面想像自己對靶紙射鏢，經過一段時間以後，這種心理練習幾乎和實際練習一樣，可以提高準確性。

《每年如何推銷兩萬五千美元》一書中，敘述底特律一些推銷員利用一種新方法使業績增加一〇〇%，紐約另一些推銷員的業績增加一五〇%，其他推銷員使用同樣的方法使自己的業績增加四〇〇%。這些推銷員使用的方法，其實就是「角色扮演」，其具體做法是：想像自己處於各種不同的銷售情況，然後再找出方法，直到出現各種實際銷售情況的時候自己知道應該說什麼和做什麼為止。這樣一來，就會越來越善於處理各種不同的情況。一些很有成效的推銷員，透過想像力和實際操作，深刻得出以下的體會：

「每次與顧客談話的時候，他提出的問題或是意見，都是一種特定的情況。如果你總是可以想到他要說什麼，並且可以迅速回答他的問題，妥善處理他的意見，就可以把產品推銷出去。」

「一個成功的推銷員自己獨處的時候，也會製造這種情境。他會設想客戶對自己最刁難的情況，然後想出相應的對策……」

「無論是什麼情況，都可以預先有所準備，想像自己和顧客面對面地站著，他提出許多問題和意見，自己可以迅速而圓滿地加以解決。」

自古以來，許多成功者都曾經運用「正確想像」和「排練實踐」以完善自我而獲得成功。拿破崙在帶兵橫掃歐洲之前，曾經在內心想像中「演習」軍事多年。韋伯和摩根在《充分利用人生》一書中告訴我們：「拿破崙在上學的時候做的閱讀筆記，在付印的時候，竟然有四百頁之多。他把自己想像成一個司令，畫出科西嘉島的地圖，經過精確的數學計算以後，標示自己可能布防的各種情況。」

這真是奇妙之極！難怪人們總是把「想像」與「魔術」聯繫起來。「想像力」在成功學中，確實具有難以抗拒的魔力。

看不到將來的希望，就無法激發現在的動力

看不到將來的希望，就無法激發現在的動力，消極態度會摧毀人們的信心，使希望泯滅。消極態度就像一劑慢性毒藥，吃了這副藥的人會變得意志消沉，失去任何動力，就會距離成功越來越遠。

拿破崙・希爾說過一匹賽馬的故事。

「格里爾」是一匹著名的良種賽馬，曾經取得許多賽馬比賽的好成績，被認為是一九〇二年七月比賽中的種子選手。事實上，牠確實很有希望獲勝——牠被精心地照顧和訓練，並且被廣告宣傳為唯一可以擊敗在任何時候都佔據優勢的「戰鬥者」賽馬。一九〇二年七月，在阿奎德市舉行的德維爾獎品賽中，兩匹馬終於相遇了。那天是一個莊嚴隆重的日子，起跑點受到萬

眾矚目。兩匹馬沿著跑道並列奔跑的時候，人們都知道「格里爾」是在與「戰鬥者」做殊死搏鬥。跑了四分之一的路程，牠們不分高下；甚至，跑了一半的路程，跑了四分之三的路程，牠們仍然不分高下。

在剩下八分之一路程的地方，牠們還是齊頭並進。然而就在這個時候，「格里爾」使勁向前竄去，跑到前面。此時是「戰鬥者」騎手的危急關頭，他在賽馬生涯中第一次用皮鞭持續抽打坐騎。「戰鬥者」的反應是這位騎手似乎在放火燒自己的尾巴，牠猛衝到前面，與「格里爾」拉開距離。相比之下，「格里爾」好像安靜地站在那裡一樣。比賽結束的時候，「戰鬥者」領先「格里爾」七個身長。

「格里爾」原本是一匹精神昂揚的馬，但是這次經歷卻把牠打敗，將牠的隱形護身符從積極一面翻到消極一面。從此以後，牠變得消極、悲觀、一蹶不振，在所有比賽中沒有再獲勝。

我們雖然不是賽馬，但是有很多人卻有「格里爾」精神，他們像「格里爾」一樣，曾經有輝煌的時刻，但是遇到挫折的時候，他們的護身符就會從積極態度變成消極態度，悲觀而失望，看不到希望的燈火，從此一敗塗地。

抱持消極態度的人，對將來總是感到失望，在他們的眼中，杯子永遠不是半滿的而是半空的。消極態度不僅會產生不良後果，而且還有傳染性。俗話說：「物以類聚，人以群分。」聚在一起的人會互相影響，逐漸聚集而變成相同模樣。

此外，消極態度還會限制我們的潛能。

一個人的行為方式，不可能與他的自我評價脫節。抱持消極態度的人，不僅想到外部世界最壞的一面，而且想到自己最壞的一面。他們不敢企求，所以往往收穫更少，遇到一個新觀念，他們的反應是：「這是行不通的，以前沒有這樣做過。」「沒有這個主意，不是也過得很好嗎？」「這個風險太大了，現在條件不成熟，並非我們的責任。」

我們相信會有什麼結果，就可能有什麼結果。抱持消極態度的人，對自己沒有任何期望的時候，就會限制自己取得成功的能力，成為自己潛能的最大敵人。

綜上所述，消極態度是失敗和頹廢的泉源。要想盡辦法遏制這股暗流，不要讓錯誤的態度使自己成為一個不折不扣的失敗者。

做五年以後你最希望看到的自己

一九七六年的冬天，十九歲的麥可在休士頓一家實驗室工作，他希望自己將來從事音樂創作。寫歌詞不是麥可的專長，他找到擅長寫歌詞的薇樂莉，想要和她一起創作。薇樂莉瞭解到麥可對音樂的執著，以及目前不知道從哪裡下手的迷茫，決定幫助他實現自己的夢想。

薇樂莉問麥可：「想像五年以後你的生活是什麼樣子？」

麥可沉思幾分鐘以後告訴她：「第一，我希望可以有一張很受歡迎的唱片在市場上；第二，我希望可以住在一個很有音樂氛圍的地方，與世界一流的音樂家一起工作。」

薇樂莉說：「我們現在把這個目標倒算回來。如果第五年，你有一張唱片在市場上，第四年就要跟一家唱片公司簽約。」

「第三年，要有一個完整的作品，可以拿給很多唱片公司聽。」

「第二年，要有很棒的作品開始錄音。」

「第一年，要把自己所有準備錄音的作品全部編曲，進行排練。」

「第六個月，要把那些沒有完成的作品進行修改，然後讓自己逐一篩選。」

「第一個月，要把目前這幾首曲子完成。」

「第一個星期，要列出一張清單，排出哪些曲子需要修改，哪些曲子需要完成。」

「好了，現在我們不是已經知道下個星期一要做什麼嗎？」薇樂莉笑著說。

「你說五年以後，要住在一個很有音樂氛圍的地方，與世界一流的音樂家一起工作，對嗎？」她接著說，「如果第五年，你已經與這些人一起工作，第四年就要有自己的工作室或是錄音室。第三年，要先跟這個圈子裡的人一起工作。第二年，應該搬到紐約或是洛杉磯居住。」

薇樂莉的五年規劃體系，讓麥可受益匪淺。次年（一九七七年），他辭去讓許多人羨慕的工作，離開休士頓，搬到洛杉磯。一九八三年，一位當紅歌手誕生了——麥可的唱片專輯在美國暢銷幾千萬張，他與世界一流的音樂家一起工作。

五年以後，你「最希望」看到自己的生活是什麼樣子？在你的生命中，上帝已經把所有「選擇」的權力交在你手上。五年以後的結果，取決於五年以前的選擇。擁有明確的選擇——只要我們尋找，上帝就會為我們祈禱；只要我們努力，上帝就會為我們開路。

維斯利伯爵在囚室忍受數十年的秘密

英國的倫敦塔在伊莉莎白一世的時候是用來關犯人的。當年，漢普頓的維斯利伯爵因為得罪皇室而被關進倫敦塔，囚禁在潮濕陰冷、又高又厚的石牆裡，叫天天不應，叫地地不靈。於是，維斯利伯爵徹底地絕望。當時，沒有幾個人可以活著走出倫敦塔，即使不生病，也會因為長期與世隔絕而發瘋。

維斯利伯爵的囚室只有一扇窗戶。這一天，他坐在窗戶下方，沮喪地看著窗外的藍天，哀嘆自己不幸的命運。突然，一個毛茸茸的東西跳到窗台上，他定睛一看，不是自己的小貓白花嗎？這怎麼可能？他使勁地甩甩頭，懷疑這不是真的，可是小貓「喵喵」的叫聲那麼真切。於是，維斯利伯爵伸出雙手，輕聲地叫著：「白花！」小貓聞聲，從鐵窗縫隙裡擠進來，跳到他的懷裡！維斯利伯爵意識到自己不是在做夢，他緊緊地抱著小貓，忍不住號啕大哭！

原來，自從主人被抓走以後，白花也離開家了。牠是怎樣發現主人被關押的地方，並且順著煙囪來到他的囚室，誰也說不清楚。獄卒知道白花的故事也唏嘘不已，破例允許維斯利伯爵把小貓留下來，沒有向皇室報告。

從此，維斯利伯爵在孤獨的鐵窗生涯裡有一個伴侶。飯送來了，他總是讓白花先吃，他非常感激這個自願跑來陪自己坐牢的夥伴。就這樣，他們度過許多春夏秋冬，直到白花死在監獄裡。

白花死後，維斯利伯爵又獨自生活，可是他沒有因此沮喪，他下定決心要活著出去。最後，當政的詹姆士國王把維斯利伯爵放出來，他在被捕五十一年以後走出倫敦塔。出獄以後，他做的第一件事情就是找人畫一幅白花的肖像，掛在房間的正中央。

白花的出現，給維斯利伯爵帶來活下去的希望。正是這個希望，使一個平凡的生命忍受數十年的苦難，創造不平凡的奇蹟。

希望，對於逆境中的人來說，是一支強心劑，使我們在艱難困苦面前無所畏懼。如果失去希望，整個世界就會成為一座墳墓。

希望是人類本能的產物，人類一次又一次憑藉它戰勝天災人禍，並且得以綿延至今。很難想像，如果從人類天性中剝奪希望這個「專利」，人類將何以存在？希望，是信心、勇氣、智慧、力量的泉源。我們可以一無所有，但是心中絕對不能沒有希望。

第2章

欲望是獲得人生財富的發動機

表現的欲望，可以讓人出奇制勝

喬在工作的時候非常賣力，他勤奮、忠誠、守時、可靠，並且多才多藝，為公司付出許多時間與精力，他應該是前途光明的。

但是事實並非如此，他什麼也沒有得到。很多比他差的人，都獲得加薪和升遷。因為他不懂得表現自己，主管從來沒有注意到他。

你是否也像喬一樣？如果是這樣，學習表現自己，爬上成功的階梯就會更容易。然而，在你說「沒錯！我就是需要這樣做」之前，先提醒自己，適當表現自己和以不正當手段吸引別人注意，意義完全不同。就像在蘋果的表皮上打蠟，這種方式為自己招來的敵人將會多於朋友。誇大其詞也是一樣。真正的自我推銷必須是有創意的，需要良好的技巧。

伯納・麥克菲登擅長製造話題，甚至標新立異。他穿著紅色絲絨內衣，從飛機上跳傘到地面之後，赤腳走到百老匯，為自己經營的企業打響知名度，賺進數百萬美元。

我們不必如此極端。有時候，謙虛有禮也可以達到同樣的效果。

史泰豐公司前任總裁葛蘭・富奇的一個朋友，利用出奇制勝的自我推銷方式，被提拔成為德州一家起重機公司的總裁。

當年，他只是一個年輕的業務員。在賣出第一台小型的起重機之後，他寫信給出貨部門，感謝他們協助，讓自己的訂單順利交貨。他也寫信給油漆部門，說自己看到尚未包裝以前的起重機亮麗的鮮紅色，感到非常驕傲。幾年之內，公司裡的每個人，都得到他的肯定與讚美。因為肯定別人的價值，他成為公司最受肯定的人！

記住，表現自己必須是光明正大的，不能打擊或貶抑別人的價值，沒有人可以踩著別人往上爬而成功。

不要再等待。現在就開始，好好表現自己，締造自己的成功！

從一開始就知道目的地在哪裡

世界上被稱為天才的人，絕對比實際上成就天才事業的人更多。為什麼？許多人一事無成，就是因為缺少雄心勃勃、排除萬難、邁向成功的動力，不敢為自己制定一個高遠的奮鬥目標。無論一個人有多麼超群的能力，如果缺少認定的一個高遠目標，還是一事無成。設定一個目標，就等於達到目標的一部分。

一九六九年，從小就喜歡吃漢堡的戴夫．湯瑪斯在美國俄亥俄州成立一家漢堡餐廳，並且用女兒的名字為餐廳取名——溫蒂速食店。在當時，美國的連鎖速食公司比比皆是，麥當勞、肯德基、漢堡王已經是大名鼎鼎。與他們比起來，溫蒂速食店只是一家名不見經傳的小店。

戴夫．湯瑪斯不因為自己的身分而氣餒，一開始就為自己制定一個目標，那就是：趕上速食業老大麥當勞！

二十世紀八〇年代，美國速食業競爭日趨激烈。麥當勞為了保住自己的地位，花費許多的心機，讓戴夫·湯瑪斯毫無機會。一開始，戴夫·湯瑪斯採取縫隙路線，麥當勞把自己的顧客定位在青少年，溫蒂把顧客定位在二十歲以上的青壯年群體。為了吸引顧客，戴夫·湯瑪斯在漢堡肉餡的重量上做文章。在每個漢堡上，他將牛肉增加零點幾盎司。這個不起眼的舉動，為溫蒂贏得很大的成功，並且成為日後與麥當勞競爭的有力武器。溫蒂一直以麥當勞作為自己的競爭對手，在這種激勵中快速發展自己。終於，一個與麥當勞抗衡的機會來了。

一九八三年，美國農業部進行一項調查，發現麥當勞號稱有四盎司漢堡的肉餡，重量從來沒有超過三盎司！這個時候，溫蒂速食店的年營業收入已經超過十九億美元。戴夫·湯瑪斯認為，牛肉事件是一個問鼎速食業霸主地位的機會，於是對麥當勞大加打擊。他請來著名影星克拉拉·佩勒，為自己拍攝一個後來享譽全球的廣告：

一個喜歡挑剔的老太太，正在對著桌上一個碩大無比的漢堡喜笑顏開。她打開漢堡的時候，驚奇地發現牛肉只有指甲那麼大！她先是疑惑和驚奇，然後開始大喊：「牛肉在哪裡？」

不用說，這個廣告是針對麥當勞的。美國民眾對麥當勞本來就有許多不滿，這個廣告適時而出，立刻引起民眾的廣泛共鳴。一時之間，「牛肉在哪裡？」這句話不脛而走，迅速傳遍每個家庭。在廣告取得巨大成功的同時，溫蒂速食店的支持率也得到飆升，營業額立刻上升十八%。

憑藉針對麥當勞的不懈努力，溫蒂速食店的營業額年年上升，一九九〇年達到三十七億美元，擁有三千兩百多家連鎖店，在美國市場佔比上升到十五%，坐上美國速食業第三把交椅。

心中有明確的目標，表示知道自己的目的地在哪裡，以及自己現在在哪裡。朝著自己的目標前進，至少可以肯定，邁出的每一步都是方向正確的。心中有明確的目標，會讓自己逐漸形成良好的工作方法，養成理性的判斷法則和工作習慣。心中有明確的目標，就會擁有與眾不同的眼界，自己的人生已經成功一半。

培養具有領導者氣質的強烈欲望

一個人如果可以引導別人進行合作，以及從事有效的團隊工作，或是鼓勵別人，使他們變得更活躍，這個人的活動能力不亞於以直接方式提供有效服務的人。

在企業中，有些人具有很強的能力，可以鼓勵和指揮屬下所有人獲得比在沒有這種指揮影響力之下更大的成就。眾所周知，卡內基非常善於指揮自己的幕僚，因而使得這些幕僚中的許多人也成為富翁。每個業務經理和軍事將領，以及各行各業的領導者，都瞭解「共同諒解和合作的精神」的重要性。想要獲得成功，必須擁有這種精神。**這種和諧的大眾精神，可以經由自動或強制的紀律而獲得**。在這種情況下，個人的思想會被融合成為「智囊團」，表示個人的思想受到修正，彼此的思想合而為一。形成這種融合過程的方法很多，就像將個人置身於各種行業的領導地位，每個領導者都有自己協調追隨者思想的方法。有些人使用強迫的方法，有些人使用說服的方式，有些人使用懲罰或獎賞的手段，其目的都是為了減少某個團體中的個人思想，使它們全部融合成為一個思想。我們不必深入政治、商業、財務中研究，就可以找出各自的領導者在把個人思想融合成為一個集體思想的過程中使用的技巧。

但是世界上真正偉大的領導者都具有一種特殊的思想，可以吸引其他思想。拿破崙就是最明顯的例子，他具有這種磁鐵式的思想，可以把自己接觸的任何思想全部吸引過來。拿破崙的士兵可以為他慷慨犧牲，毫不畏懼，就是受到他個性的吸引。

任何一個瞭解合作精神的領導者，也許可以暫時把一個團體的思想融合起來，使這些思想只代表一個集體思想，但是他離開這個團體的時候，這種融合的集體思想立刻分裂崩潰。

最成功的保險銷售組織或是其他銷售團體每個星期集會一次以上，他們的目的究竟是什麼？**就是為了把所有思想融合成為一個智囊團，這種智囊團在一段時期之內，可以不斷激勵個人的思想。**這些團體的領導者也許不瞭解在這些被稱作「鼓勵會議」的會議上，究竟發生什麼事情。這類會議的例行議程通常是由團體領導者或是其他人員發表談話，有時候會邀請團體以外的人加入意見，個人的思想彼此進行接觸，並且相互鼓勵。

人類的頭腦可以比作電池，其電力將會耗盡或衰減，令人感到沮喪、洩氣、缺乏鼓勵。誰可以避免這種感覺？人類的頭腦在沮喪的情況下，必須予以充電，想要達到這個目的，就要和一個充滿活力的思想進行接觸。一個偉大的領導者，瞭解這種「充電」過程的重要性，也瞭解如何才可以達到這個目的，這就是領導者和追隨者最主要的區別，不要忘記嘗試這項實驗。

無法以進取的精神與別人談話，除非自己培養強烈要這樣做的欲望。運用自我暗示原則而向別人提出的每種說法，都會在自己的潛意識中留下極為深刻的印象，無論自己的說法是真是假，都是如此。

保持強烈的好奇心

一個無知的人，不是沒有學問的人，而是不瞭解自己的人。一個有學問的人，如果依賴知識和權威，藉由它們而瞭解自己，就是愚蠢的。瞭解是由自我認識而來，自我認識是一個人瞭解自己的心理過程。**因此，教育的真正意義是自我瞭解，因為整個生活是彙聚於我們身心的最高「機密」。**

目前我們所謂的教育，只是由書本聚集見聞和知識，這是任何懂得閱讀的人都可以辦到的。這種教育提供一個巧妙的逃避自我之途，如同其他逃避方式一樣，它無可避免地製造出有增無減的苦難。衝突和混亂是由於我們和事物及概念之間差錯的關係而產生，除非我們瞭解此項關係而改變它，否則知識的學習和技能的獲取，只會將我們導向更深的混亂和毀滅。

我們將孩子送入學校，學習一些技能，希望藉此帶動家庭的長久繁榮，至少在我們年老的時候有穩定的照顧。我們對孩子最急切的渴望，就是讓他成為在自己行業中出類拔萃之人，希望給予他們一個安全的經濟地位。物質的獲得不困難，但是技術的訓練可以使我們瞭解自己嗎？

雖然懂得念書寫字或是學習某種技術是必要的，但是技術可以給予我們瞭解生活的能力嗎？技術是次要的。如果技術是我們唯一努力追求的東西，我們就會失去生活中最重要的東西。

生活，是痛苦、喜悅、美、醜、愛等多種感受的結合，如果我們將它整體地加以瞭解，這種瞭解就會在各個方面創造技術。如果過分強調技術，我們就會毀滅自己。磨練技能和效率，但是對生活不瞭解，無法領悟思想和欲望，只會使自己變得殘暴無情，以致觸發戰爭，危害自己的安全。由於我們的教育偏重於培養技術，已經產生許多科學家、數學家、工程師，但是這些人瞭解生活的整體過程嗎？一個專家可以把生活本身完整的體驗感受表達出來嗎？或是他真的體驗到生活嗎？他不是專家的時候，或許更可以直指生活的本質。

一顆可以給予自己輝煌人生的企圖心，首先應該是一顆善良而熱情的心，讓自己對周圍的

一切保持強烈的好奇心。我們應該渴望瞭解新奇的事物，渴望探索未知的領域，只有在這種理念的支配下，才可以孜孜以求而樂此不疲地提升自己的理解能力，進而改善自我，更接近成功的巔峰。

讓別人知道自己的希望是什麼

在錄影現場和錄音室，有兩個非常有名的用來提醒時間快要結束的手勢：一個是用手按照順時針方向畫圓圈，意思是趕快；另一個是切割喉嚨的手勢，表示「立刻停止，時間已經到了」。

日常生活中，我們經常需要暗示跟自己談話的人自己有多少時間，有些人會不客氣地說：「我要走了，再見。」然後轉身離開。

沃勒正是這樣的人。有一次，拿破崙・希爾必須在假期的前一天見他，他在談話一開始就告訴拿破崙・希爾，他非常忙，但是會給拿破崙・希爾五分鐘時間。拿破崙・希爾只好盡快陳述意見，但還是超過幾秒鐘，準備再說下去的時候，沃勒插嘴：「你的五分鐘到了，博士。我敬愛你，但是我要走了，聖誕快樂。」然後，他從椅子上站起來，走向辦公桌，開始埋首在自己的文件裡，會談就結束了。

我們都遇過必須盡快趕到其他地方的情況，卻似乎無法從正在進行的談話中脫身而不會冒犯正在說話的人。同時，我們在等對方說到一個段落的時候，五臟六腑都在翻攪。突然結束對話的變通方法，就是學習利用時間暗示。如此一來，我們可以掌握時間，也可以得到大多數與自己往來的人的尊敬和感激。讓別人知道自己的希望是什麼，如果要讓對方知道結束談話的時間是六點三十分，可以這樣說：「我想，我們不可以晚一分鐘離開，因為六點三十分以後的交通狀況很差。」然後，讓他們知道自己到時候就會離開。

假如精確不是很重要，可以用「左右」這兩個字，例如：「宴會在七點左右開始。」如果自己的朋友不用「左右」，可以說：「大概七點。」有些人經常將約會時間安排在十點五分、四點三十五分、兩點四十分，而不是整點，就是暗示約會時間必須準時。

確認一個約會的時候，可以利用時間暗示，例如：「嗨，我是湯姆，我今天很忙，只是要確定有沒有什麼問題。」給予「我今天很忙」這樣的暗示，可能非常有效。確認約會的目的，是要確定要見面的人確實會來，而且暗示這個人，時間對自己很重要。

總是有一些人看不懂暗示，對他們來說，除了直截了當的結束以外，沒有什麼其他有效的方法。

美國電視網的老闆凱柯・波洛維茲對自己的員工採取直截了當的方法，但是她覺得會議應該結束的時候，會轉身看桌子後面書架上的文件。她說：「我盡量在轉身結束談話的時候不要太失禮，但是難免會失禮。你不得不這樣做，而且有時候你必須把椅子往後推，站起來送對方到門口，我發現這樣做可以節省時間。」

你為什麼會比自己想像的更偉大？

每個人都曾經做出一些關於自己可以取得什麼成就的結論。在日常生活中，這些結論被反覆而無意識地重複，而且不斷影響今後的思維，指導自己的行為，並且決定今後的表現程度。

你在生活中的某個特定領域表現如何，只是部分反映自己的潛力。你在探究自己內心的時候看到的東西，就是你從自己那裡得到的東西；你向自己展現的自我，就是你從自己那裡取得的自我。

無論你選擇考慮什麼和相信什麼，你的潛意識是完全配合和支持你的，它忠實地收集和記錄你以前做過的全部有意識的解釋。它總是對你的想法和信念唯命是從，並且忠誠地工作，以保證你取得的結果總是與自己夢寐以求的東西一致。

同樣地，你的潛意識總是對你的潛力俯首聽命，但是你必須決定自己的潛力，然後向自己的大腦下達指令。換句話說，你必須首先培養對自己積極的期望，然後牢牢地盯住這些值得取得的目標。

你比自己想像的更偉大。你可以控制自己的精神思維過程，關鍵是：要有意識地決定去思考什麼，因為這樣會直接影響你如何進行無意識地思考。記住，你的自我表象被深藏在自己的潛意識中，透過更有效地管理思維，你可以給自己的行為帶來可預見的變化。根據你選擇的程度，你可以培養更有效的思維模式來釋放自己全部的潛力。

不幸的是，大多數人都被一種由消極的習慣思維模式產生的破壞性情感阻礙，我們大多數的恐懼都是消極思維和預定程序的結果，例如：想到失敗、難堪、被拒絕的時候，總是會感到恐懼。但是只要透過意志的力量，就可以消除自己的恐懼，只要透過改變大腦中具有的自我表象，就可以改變這種感覺。

我們的體內，蘊涵無盡的思考力量。

歷史上許多偉大的發現都證明，人類儲存的資訊不局限於自己對過去的經歷和後天所知事實的記憶。愛迪生相信自己從外部資源得到許多偉大的靈感，這種「從空氣中」獲取靈感，獲取超越自己已知感官功能知識的能力是每個人都有的，只要自己有意識地開發它。愛默生把人類的大腦比作宇宙海洋的入口，這就是為什麼思維中包含那麼多的資源。因為只要可以裝入廣泛的智慧，即過去、現在、將來所有知識的泉源，體內就會蘊涵無盡的思維力量，我們唯一要做的事情就是學會如何開發它。

正如朗格曼觀察的那樣：「每個人的大腦都有自己的邊境。在其中一面，每件事情都曾經被實踐，都是可知的；另一面，則是身體從未被探索的另一部分，生命中所有偉大的冒險都在這一面中。」

實際上研究顯示，大約八八%的大腦主要致力於無意識思維活動。就像冰山一樣，最大的一部分被「淹沒」了，但是你沒有意識到它的存在，也沒有意識到它的力量。

業績好的人總是笑著和別人談話

你有沒有發現，在公司裡業績好的人，都是積極、主動、熱情而總是笑著和別人談話的人，一些消沉而面無表情的人，業績是最差的。

日本推銷大師原一平為了讓更多人接受和喜歡自己，曾經假設各種場合與心情，面對鏡子，練習各式各樣的笑。他找了一個可以映現全身的鏡子，每天利用閒暇時間，不分晝夜地勤加練習。經過長期的練習，他發現嘴唇的閉合，眉毛的上揚與下垂，皺紋的伸縮，都會影響「笑」的含義，甚至雙手的起落與雙腿的進退，也會影響「笑」的效果。

有一段時間，因為他練習得太入迷，晚上睡覺經常因為「笑」的問題而驚醒，立刻跑到鏡子前面練習。有時候，原一平在路上一邊走一邊笑，別人以為他腦筋有問題。經過長期的苦練，他總共練成三百三十八種笑容，他的笑容達到爐火純青的地步，被讚譽為「價值百萬美元的笑容」。他的笑容，令人如沐春風，無法抗拒，使他的銷售所向無敵。

法蘭克．貝特格在投身保險推銷以後，很快發現一張憂愁的面容註定要失敗，於是每天做三十分鐘的「笑容訓練」。他在進入客戶的辦公室以前，會先利用幾分鐘的時間，回想生命中最值得感激的事情，然後自然地展現由衷的笑容，再走進辦公室。

笑著面對每個人的時候，別人也會對我們微笑，帶著微笑和客戶談話，成功的機率就會提高。

微笑的力量是驚人的。沒有人喜歡幫助整天皺著眉頭而愁容滿面的人，更不會信任他們。對於那些受到主管、同事、客戶、家庭壓力的員工，一個笑容就可以幫助他們瞭解一切都是有希望的，也就是世界是有歡樂的。

「你有笑容嗎？」拿破崙．希爾說，「抬起頭來，注意四周，向人們微笑，你就已經成功了。」

微笑可以無堅不摧。微笑表示的是：我喜歡你，很高興見到你，你使我快樂。

絕境的奮鬥，可以啟發人們潛伏的內在力量

拿破崙在談到自己的將領馬塞納的時候說：「平時他的真面目無法顯示出來，但是他在戰場上見到遍地的傷兵和屍體的時候，內在的『獅性』就會突然發作起來，打仗就會像惡魔一樣勇敢。」

人類有幾種本性，除非受到巨大的打擊和刺激，否則永遠不會顯露出來，永遠不會爆發。這種神秘的力量隱藏在人體的深層，不是一般的刺激可以激發。但是人們受到譏諷、凌辱、欺侮以後，就會產生一種新的力量，做到以前無法做到的事情。

艱難的情形、失望的境地、貧窮的狀況，在歷史上曾經造就許多偉人。如果拿破崙在年輕的時候沒有遇到窘迫和絕望，絕對不會如此多謀、如此鎮定、如此剛勇。巨大的危機和事故，

往往是誕生許多偉人的火藥。

處於絕望境地的奮鬥，可以啟發人們潛伏的內在力量。沒有這種奮鬥，永遠不會發現真正的力量。如果林肯是生長在一個莊園裡，上過大學，也許永遠不會成為美國總統，永遠不會成為歷史上的偉人。因為如果一個人處於安逸舒適的生活中，就不需要自己的努力，不需要自己的奮鬥。林肯之所以這麼偉大，正是因為他不斷地與逆境苦鬥的結果。

許多人把自己取得的成就歸功於障礙與缺陷，如果沒有那些障礙與缺陷的刺激，他們也許只會發掘自己二五％的才能，但是遇到困難般的刺激，就會把其他七五％的才能也開發出來。

巨大的壓力、非常的變故、重大的責任壓在一個人身上的時候，潛伏在他的生命最深處的各種能力就會突然湧現出來，無堅不摧地創造各種奇蹟。

歷史上有無數這樣的例子：為了彌補身體上的缺陷，許多人養成高貴的品格，創造一番豐功偉業。一些相貌平凡的女孩，甚至長相醜陋的女孩，往往可以在學業和事業上進行不懈的努力，最後成就自己意想不到的事業，這可以看作是對她們長相的一種補救。

特殊缺陷與困難的刺激，不是每個人都有，所以世界上真正可以發現「自己」，可以把自己最高的能量發揮出來的人並不多見。許多人從來沒有想過自己身體裡面蘊藏巨大能量，甚至到死也沒有發現。許多人如果沒有遇到失敗，就不會發現自己真正的才能。他們沒有遇到巨大的挫折，沒有遇到對自己生命本質的打擊，就不知道怎樣喚醒自己內部儲藏的力量。

有人問一個孩子，他是怎樣學會溜冰的？那個孩子回答：「哦，跌倒了爬起來，爬起來再跌倒，就學會了。」使得個人成功，使得軍隊勝利，實際上就是這種精神。跌倒不算是失敗，跌倒了無法站起來，才是失敗。

失敗是對人格的試驗，在一個人除了自己的生命以外，已經失去一切的情況下，內在的力量到底還有多少？沒有勇氣繼續奮鬥的人，他所有的力量就會全部消失。只有毫無畏懼而勇往直前的人，才會讓自己的生命有新的突破。

必須瞭解，自己究竟為什麼活著？

人類活著只有兩種狀態，要麼腐爛，要麼燃燒！

「我究竟為什麼活著？」

這是一個困擾所有人一生的問題。尤其是，人類的眼界越來越開闊，看到廣袤無垠的宇宙，卻無法給自己一個充分的答案。

每個人都試圖尋找這個答案，然而在同一個問題的引導下，卻締造不同的人生境況。

有些人悲觀逃避，一生碌碌無為；有些人遠離喧囂，追尋內心深處的寧靜；有些人竭盡所能，將豐功偉業流傳千古。

其實，這個問題應該這樣問：「我應該怎樣讓自己的一生更有意義？」歲月是不可挽留的，但是企圖心是永遠常青的。

老木匠辛苦一生，建造多得數不清的房子。這一年，他覺得自己老了，就向老闆告別，想要回到家鄉，安享晚年。

老闆十分捨不得他離去，因為他建造房子的手藝是鎮上最好的，沒有第二個人可以跟他相比。但是他的去意已決，老闆挽留不住，就請他建造最後一間房子，他答應了。

最好的木料全部被拿出來，老木匠立刻開始工作，但是人們都可以看出，老木匠歸心似箭，注意力完全無法集中到工作上。樑是歪的，木料表面的漆也不如以前刷得光亮。

房子終於如期建造完成，老闆把鑰匙交到老木匠手上，然後告訴他，這是送給他的禮物，以報答他多年以來的辛苦工作。

老木匠愣住了，他怎麼也沒有想到，自己一生建造許多精美又結實的房子，最後卻讓自己獲得一件粗製濫造的禮物。如果他知道這間房子是為自己建造的，無論如何也不會這樣心不在焉。

這只是一個故事，但是現實卻比故事裡的情況更糟。許多人每天帶著一臉的茫然和無奈去工作，茫然地完成任務，茫然地領回薪水。他們認為自己做的事情，只是為別人打工。這樣被動地應付工作，不可能投入全部的熱情和智慧，也不可能有任何作為。

許多人踏入社會的時候就缺乏責任感，一定要在別人的監督下才可以工作，這就是缺乏人生使命感的典型表現。

在相同條件下，有明確而強烈的個人使命，與沒有目標被動懈怠的結果完全不同。我們要做的是，發現自己喜歡做的事情，並且全力以赴融於其中，保持積極的心態，不計較個人得失，勤奮努力，自動自發，就可以出人頭地，收穫無窮。

從小員工到鐵路大王，詹姆士・希爾做了什麼？

希望是成功的原料，可以轉變成信心，再變成決心，最後付諸行動。希望來自我們的夢想，從自己的想像中萌芽，讓世界更美好、生活更豐富。

有希望為基礎，就可以制定明確的人生目標，並且付諸行動。

幾年以前，鐵路大王詹姆士・希爾只是一個小員工。有一天，他坐在發報機前面，替一位婦人發電報給一個丈夫被殺身亡而不幸成為寡婦的朋友。電報的內容給他很大的啟示：「期待和丈夫在更美好的世界重逢，讓這份希望化解你的悲傷。」

「希望」這兩個字，震撼希爾的心，他開始思考希望帶來的力量和機會。他夢想有一天建造一條通往西部的鐵路，夢想變成堅定的決心，終於實現了。

從簡單的「希望」這兩個字開始，一個電報收發員的夢想，成就美國北方鐵路網。希爾在實現夢想的過程中，造就許多千萬富翁。他知道顧客就是財富，是鐵路經營成功的命脈，因此他說服農人、礦工、伐木工人，利用自己的鐵路網運送貨物，往西部拓展。希爾建造的鐵路王國，從加拿大到密蘇里州，從五大湖到派吉桑，甚至把航線拓展到東方。

奎松夢想並且希望自己熱愛的菲律賓群島可以有獨立的政府，甚至大膽地想像自己有一天會成為菲律賓共和國的總統。他的希望變成一種堅定的信念，並且付諸行動。他被任命為菲律賓群島的行政長官，歷時二十四年的時間，為了讓菲律賓成為獨立的國家，他不遺餘力。

奎松的故事給我們的啟示是：必須讓想像自由地產生希望，大膽地夢想。在這個世界上，沒有不可能的事情。在空中建造樓閣，你的努力不會白費，它們本來就是高高在上，現在你要開始建造地基。

從自己的希望和信心開始，制定一個明確的目標，把它寫下來，牢記在心裡，變成一顆明亮之星，指引自己的成功之路。我們很容易判斷，自己的行動對於達成目標是有利還是有害。

沒有這顆引導的明亮之星，我們可能會造成很多錯誤，延誤抵達目的地的時間。

每個夢想都是從希望開始。每個成功的圓滿結局，故事都是從這樣開始的：「從前有一個人，他希望有一天……」我們也應該如此。

安徒生如何改變窮途的困境？

這個世界看似很不平等：有些人生為王子，有些人生為乞丐；有些人天生富貴，有些人天生貧困。這個世界其實也是很平等，上天給我們一顆觀察世界的心和一雙改造世界的手。我們不可能選擇自己的父母，不可能選擇自己的家庭。有些人出生在遙遠偏僻的山區，父母謹慎膽小，家境貧困，這是無法否認的事實，但是可以透過自己的智慧和雙手去改變它。

地位就像一根彈簧，越是擠壓，越會收縮；越是放鬆，越有彈性。地位只會在那些懦弱者身上逞威，在強者面前，它像一個奴僕。

古往今來，很多在社會崛起的有志青年，都是生長在沒有地位的家庭中，但是他們不屈於貧困的境況，經過頑強奮鬥，被當成楷模而永遠被人們銘記。

安徒生是眾所周知的童話作家，他的童話深受全世界喜愛，他曾經這樣描述自己的一生：

「我還在搖籃裡的時候，貧困就露出猙獰的面孔。我深刻體會到，自己向母親要一片麵包但是她手中什麼也沒有的時候是什麼滋味。我承認我家裡很窮，但是我不甘心。我一定要改變這種情況，我不會像父母那樣生活，這個念頭無時無刻不纏繞在我心中。可以說，我一生所有的成就，都要歸結於自己這顆不甘貧困的心。我要到外面的世界！在十歲那年，我離開家了。做了十一年的學徒，每年可以接受一個月的學校教育。最後，在十一年艱辛的工作之後，我得到一頭牛和六隻綿羊作為報酬，我把牠們換成貨幣。從出生到二十一歲那年為止，我從來沒有在娛樂上花過一分錢，每分錢都是經過精心計算的。我知道拖著疲憊的腳步在漫無盡頭的山路上行走是什麼樣的痛苦感覺，我不得不請求我的同伴們丟下我先走……在我二十一歲生日之後的第一個月，我帶著一隊人馬進入人跡罕至的森林，採伐那裡的木材。每天，我都是在天際的第一抹曙光出現之前起床，然後一直勤奮地工作到天黑以後星星探出頭來為止。之後，我獲得六美元作為報酬，當時在我看來，這真是一個大數目，每個美元在我眼裡都像今天晚上又大又圓而銀光四溢的月亮一樣……」

在這樣的窮途困境中，安徒生下定決心，一定要改變境況，絕對不接受不平等的地位。一切都在改變，只有他那顆渴望改變地位的心沒有改變，他不讓任何一個擺脫貧困的機會溜走。很少有人可以像他一樣，理解閒暇時光的價值。他像對待黃金一樣，緊緊抓住短暫時間，不讓一分一秒無所作為地從指縫之間溜走，他抓住每一分鐘去讀書，以求改變命運。

他學過皮匠手藝，也學過畫畫。他風塵僕僕地經過波士頓，在那裡可以看見邦克山紀念碑和其他歷史名勝。他就像一心朝聖的聖徒——把自己逼到一條通往聖地的道路上。

最後，他終於脫穎而出，贏得全世界的認同，也徹底地擺脫貧困。安徒生生於貧困之中，然而他又是富有的。他最大的財富就是那顆不甘貧困的心，是這顆心把他推上顯赫高位。在這顆不竭心靈的照耀下，他一步一步地登上成功之巔。

窮人傑米如何住進一間新房子？

我們決定一件大事的時候，心裡一定很矛盾，會面臨到底要不要做的困擾。以下的實例是一個年輕人的選擇，最終他大有收穫。

傑米是一個年輕人，大約二十幾歲，有妻子和小孩，收入不多。他們全家住在一間公寓，夫婦兩人都渴望有一間自己的新房子。他們希望有比較大的活動空間、比較乾淨的環境、小孩有地方玩，同時也增添一份產業。

買房子確實很困難，必須有錢支付分期付款的頭期款。有一天，傑米開出下個月的房租支票的時候，突然很不耐煩，因為房租跟新房子每個月的分期付款差不多。

傑米跟妻子說：「下個星期，我們就去買一間新房子，你看怎麼樣？」

「你怎麼突然想到這個？」妻子問，「開玩笑！我們怎麼有能力，可能頭期款也付不出來！」

但是傑米已經下定決心：「跟我們一樣，想要買一間新房子的夫婦大概有幾十萬，其中只有一半可以如願以償，一定是什麼事情使他們打消這個念頭。我們一定要想辦法買一間房子，雖然我現在不知道怎麼湊錢，可是一定要想辦法。」

下個星期，他們真的找到一間彼此都喜歡的房子，樸素大方又實用，頭期款是一千兩百美元。現在的問題是：如何湊到一千兩百美元。他知道無法從銀行借到這筆錢，因為這樣會妨害自己的信用，使自己無法獲得一項關於銷售款項的抵押借款。

皇天不負苦心人，他突然有一個靈感：為什麼不直接找建築公司洽談，向建築公司私人貸款？他真的這麼做。建築公司起初很冷淡，由於他一再堅持終於同意了：一千兩百美元的借款，按月交還一百美元，利息另外計算。

現在他要做的是：每個月湊出一百美元。夫婦兩人想盡辦法，一個月可以省下二十五美元，其餘的要想辦法籌措。這個時候，傑米又想到另一個辦法。第二天早上，他直接跟老闆解釋這件事情，老闆也很高興他要買房子。

傑米說：「T先生（就是老闆），為了買房子，我每個月要多賺七十五美元。我知道你認為我值得加薪的時候一定會加薪，可是我現在想要多賺一些錢。公司的某些事情可能在週末做更好，你是否可以答應我在週末加班？有沒有這個可能？」

老闆被他的誠懇和雄心感動，找出許多事情讓他在週末工作十個小時，他們因此高興地搬進新房子。

這個實例可以歸納為三點：

（一）傑米的決心和欲望燃起心靈的火花，因而想出各種辦法來實現自己的願望。

（二）由此他的信心大增，下次決定什麼大事的時候會更容易。

（三）他提高家人的生活水準。如果一直拖延，直到所有條件都解決的時候，很可能永遠買不起。

如何快速籌到一百萬美元的創業基金？

有一股來自內心的力量，無所不知、無所不能。無論貧窮或富有、卑微或權貴，每個人都可以擁有這股力量。只要自己可以應用，不受任何人的影響。

這股神秘的力量，如何讓一個人獲得最高的成就？為何大多數的人讓消極思想誤導這股神秘的力量，使自己不受其利，反受其害？

所有的天才以及對人類文明有卓越貢獻的領導者，都是使用同樣的方法。

法蘭克・甘索魯斯就是利用內心的神秘力量，達成自己的願望。年輕的法蘭克牧師想要創辦一所大學，需要一百萬美元的經費，他決定要設法籌到一百萬美元。他的信心堅定，因為他有明確的計畫。他寫了一篇演講稿，題目是「假如我有一百萬美元」。他在芝加哥各大報刊登啟事，說自己將於下個星期日早晨布道的時候演講這個主題。

布道結束的時候，一位陌生人走到講台的前面說：「你說得很好。請到我的辦公室，我會給你需要的一百萬美元。」這個陌生人是菲利普·阿默，他是阿默企業的創辦人。

這是一個真實的故事。堅定的信心，產生實現目標的力量。信心不是被動的等待，而是主動的出擊。

機器必須要運轉才可以產生作用，主動的信心一無所懼。有信心，才可以鼓舞士氣，度過難關；有信心，才可以戰勝失敗，克服恐懼。

生命中的災難經常迫使人們在信心與恐懼兩者之間做出選擇。為什麼大多數的人都會選擇恐懼？關鍵在於一個人的態度，造物者讓我們有權利自己決定。

選擇信心的人，會改變自己的態度。在日常生活中，他們勇敢地決定和行動，培養自己的信心。選擇恐懼的人，他們不懂得培養積極的態度。

找出內心那股神秘的力量，就會發現真實的自我。然後，我們可能會寫一本更好的書，或是做一次更精彩的演講。

成功的坦途會通往每個人的大門，無論我們原來是誰，無論我們曾經多麼落魄，只要我們主動出擊。

化渴望為財富的六個步驟

在任何一個行業，想要出人頭地，就要先燒掉自己的船，斬絕所有撤退的三岔路口。只有這樣，才可以維持成功不可缺少的渴望心態。

芝加哥大火的第三天早上，一群商人在史戴特街上，看著自家店鋪已經成為灰燼。他們召開一個會議，決定是要重建家園，還是離開芝加哥，去更有發展的地方重新開始。結果，除了一個人之外，他們全部決定離開芝加哥。

這位執意留下重建家園的商人，伸手指著店鋪的殘骸說：「各位先生，就在原來的地點，我要建造世界上最大的店鋪，無論燒掉幾次都是一樣。」

差不多是一百多年以前的事情。這家店鋪後來蓋好了，現在它依然聳立在原地，就像一座紀念塔，標示渴望心態的力量。這位留下來的商人就是菲爾德，他就是這座紀念塔的主人。

菲爾德和其他商人的不同點，正是成功者和失敗者的分界。每個人到了瞭解金錢用途的年紀，就會開始希望有錢。希望無法給人們帶來財富，渴望卻可以帶來。它使人們的態度變得執著熱切，使人們著手計畫累積財富的方法，隨之以絕對不認輸的毅力，支撐這些計畫。最後，這種渴望就會帶來財富。

拿破崙・希爾認為，化渴望為財富包含以下六個步驟：

第一，牢記自己渴望金錢的「確切」數目。只說「我要很多錢」是不夠的，還要對其額度非常明確。

第二，決定自己要「付出」什麼以求報償。

第三，設定自己渴望「擁有」金錢的確切日期。

第四，擬定實現渴望的確切計畫，並且「立刻」行動。無論準備妥當與否，都要將計畫付諸實施。

第五，簡單明瞭地寫下自己想要獲得金錢的數目，以及獲得這筆錢的時限。說明自己打算怎麼去獲得這筆錢，並且詳加敘述自己累積這筆錢的計畫。

第六，每天朗誦兩遍自己寫好的計畫，早晨起床後念一遍，晚上睡覺前念一遍。念的時候，要有如親眼目睹一般，體會真正擁有這筆錢的感覺。

遵行這六個步驟的指示是非常重要的，必須切實遵照這六個步驟的指示，並且奉行不渝。

如果你真的熱切渴望要有錢，你的渴望就會變成魂牽夢縈的迫切企求。

你的目標是渴望有錢，就會堅定不移地相信，並且擁有這筆錢。

—第3章—

抓住機會，不要讓遺憾阻礙自己

如果很久沒有加薪，應該怎麼辦？

如果很久沒有加薪或升遷，應該怎麼辦？讓我們先從老闆的觀點來看。

無論是老闆還是員工，人類的本性都是相同的：可以激勵員工的事情，也同樣會激勵老闆。老闆想要成功，擴大企業的規模，增加個人的收入。

如果你讓老闆覺得，升遷你的職位和增加你的薪水很值得，他就會這麼做。如果你幫助他達成目標，他也會幫助你達成目標。

最可以確保成功的方式，就是提供比別人預期更多更好的服務。如果只是盡到本分，或是聽命行事，唯唯諾諾，不關心公司的利益，就沒有更多的升遷機會。

應該確立這種觀念：老闆不會讓我們升遷，我們要讓自己升遷。

把握每個表現自己的機會，爭取更高的職位。不要逃避責任，主動承擔責任。別人舉棋不定的時候，自己要果斷地做出決策。領導者最重要的特質是：願意做出決定，並且承擔責任。

設想自己希望獲得的工作，開始充實自己。把握公司的在職培訓機會，或是選修當地的大學開設的進修課程，也可以坦白告訴老闆自己希望學習什麼職務，並且感謝他的協助。

隨時記住老闆的觀點，試著從老闆的角度看他的公司。如果你嘗試努力，有一天可能會變成自己的老闆，像你的老闆一樣，關心公司的利益。

調整自己的心態，站在老闆和主管的角度去思考，就會發現如何提高產量、降低成本、增加業績、創造利潤，也會發現自己對於如何達成這些目標，有源源不絕的靈感。

讓自己的熱誠和想像力起飛，不要放過荒謬的天方夜譚式的想法。不要讓思想消極的人們用這些話阻礙自己：「從來沒有人這樣做。」因為你有足夠的理由嘗試。

從現在的工作開始，如何做得更快、更好、更有效率？哪些流程可以簡化或合併？如何以更低的成本做出更好的產品？

每個公司都有提案制度，可以透過這種制度，把自己的想法提供給老闆。如果你的公司沒有這種制度，寫一張簡短的紙條也可以。

然而，你的努力必須是出於至誠，不要虛偽做作或是逢迎諂媚。如果你真心想要幫助公司，無論老闆是否立刻肯定你，也可以得到很大的滿足感，你可以用這一點考驗自己。

你的出發點必須是正當的，不能陷害別人而讓自己獲得成功。如果你的計畫中包括抱怨和批評自己的同事，立刻停止吧！可以為每個人創造更好的職務和更高的收入，才是最好的做法。

要記住：缺乏執行的計畫，所有想法都是一文不值。如果自己的想法值得一試，就要立刻採取行動。如果可以自己嘗試，就立刻去做；否則，提供給適當的人選，讓他去實行。總之，絕對不能讓自己的想法胎死腹中。

樂觀主義者在問題中看到機會

樂觀主義者在每個問題中都看到一個機會，悲觀主義者在每個機會中都看到一個問題。

永遠不要問自己：「我為什麼過得這麼糟」，而是應該問：「我要怎樣做才可以使自己過得更好？」第二種問法可以幫助自己付諸行動，並且因此更快接近問題的答案。世界就在兩極之間旋轉：沒有北極就沒有南極，沒有好就沒有壞，沒有加法就沒有減法。這種成對出現的極性，就是我們的生活，彼此制約和調節我們的人生。

在原子中如此，在地球上也是如此：沒有生就沒有死，沒有白天就沒有黑夜，沒有上就沒有下，反過來也是如此。沒有對立性，就不會出現哲學、心理學、物理、化學、生物學。

沒有開始就沒有結束，沒有生就沒有死！這一切，也涉及一個人生準則：極性法則。每枚獎章都有兩面，因此不僅有幸福，也有問題、憂患、擔心。

問題就像雨天，沒有它們的存在，就無法知道太陽的寶貴。

因此，接受這個現實——問題屬於自己生活的一部分。**越不反抗問題，而是接受它並且尋找解決方法，越可以獲得自由**。這種自由可以幫助自己解決問題，透過解決問題又可以使自己越來越成功。

每個問題都有一個答案，每個問題也有一個解決方法。我們需要做的只是準備付諸行動，並且堅持不懈，直至完全實現自己的目標。

最大的困擾就是：對失敗的恐懼。大約有八〇%以上的人害怕失敗，但是在成功心理學中沒有「失敗」這個詞語，只有結果——自己造成的結果。假如我們沒有取得希望得到的結果，應該從中學習採取新的對策，然後再付諸行動，直至最終實現自己的目標——自己夢寐以求的目標。如果我們採用這種觀點，即以解決方法為出發點來思考和行動，就可以把「失敗」這個概念從自己的生活中抹去。

要注意的是：那些把所有注意力集中於實現目標的人，會把所有妨礙自己取得成功的事情看作是消極而糟糕的，因而自己也會感覺很糟！真正積極的想法是：繼續接受所有的一切，包括問題！成功的意義就是在於：確立目標、做出決定、付諸行動、解決出現的問題，最終到達自己希望的目標。

所有出現在自己面前的事情，都是生活的給予。所有的問題都是上帝給我們的禮物——見識，問題只是「見識」這個禮物的包裝紙。

在有限的時間裡，清醒而果敢地做出決斷

在聖皮耶島火山爆發的前一天，一艘義大利商船正在往船上裝運往法國的貨物。這個時候，船長敏銳地察覺到火山爆發的威脅，於是他決定停止裝貨，立刻離開這裡，但是發貨人不同意。他們威脅說，貨物只裝載一半，如果船長敢離開港口，他們就要控告他。

但是船長毫不動搖，發貨人向船長保證火山沒有爆發的危險，船長堅定地回答：「現在我必須離開這裡。我寧願承擔貨物只裝載一半的責任，也不能讓我的船員繼續冒著風險在這裡裝貨。」

二十四小時以後，聖皮耶島的火山爆發了，那位發貨人因此喪命。此時，那艘商船安全地航行在公海上，向法國前進。試想一下，如果這位船長沒有當機立斷的氣魄，他和他的船員很可能已經成為發貨人的陪葬品。

日本松下電器公司董事長松下幸之助早年曾經在大阪電燈公司工作，他對電燈泡很著迷，為了實現其改進電燈燈頭的想法，不惜傾盡資產從事改良工作，並且創建松下電器公司。

不料，公司成立之初，正好遇到經濟危機，市場疲軟，銷售困難。怎樣才可以使公司擺脫困境，轉危為安？松下幸之助權衡再三，決定拿出一萬個電燈泡作為宣傳之用，藉此打開電燈泡的銷路。

電燈泡必須備有電源，才可以發揮作用。為此，他親自前往拜訪岡田乾電池公司的董事長，希望雙方合作進行產品宣傳，並且表示願意免費贈送消費者一萬個電燈泡。豪邁直爽的岡田董事長聽聞此言，不禁大吃一驚，因為這是一種不符合常理的冒險。但是松下幸之助誠摯而果敢的態度打動他，他同意松下幸之助的請求。

松下公司的電燈泡配上岡田公司的乾電池，發揮最佳的宣傳效用。很快，電燈泡的銷路直線上升，乾電池的訂單如雪片般飛來。初創伊始的松下公司不僅沒有倒閉，反而因此聲名大振，生意興隆。

對於立足未穩的松下電器公司來說，一萬個電燈泡不是一個小數目。松下幸之助面對危機，敢於孤注一擲，破釜沉舟。透過這次非常冒險的促銷行動，他們不僅迅速打開日本市場，整體實力也得到大大增強。

當今社會競爭激烈，鋪天蓋地的資訊風暴與瞬息萬變的時態局勢，對我們的決斷能力有更高的要求。決斷能力是一種合力，主要是由魄力、洞察力、分析能力、直覺能力、創新能力、行動能力、意志力組合而成。現實生活隨時處於變化之中，很多時候我們需要面對許多可能性，做出準確的抉擇與判斷。

沒有人可以預知未來會往哪個方向發展，事實上也沒有所謂的最佳方案。因此我們要做的是：在有限的時間裡，根據自己可以得到的所有資訊，清醒而果敢地做出最切合形勢和最有利於自身發展的決斷——不要過多地思考結果如何，以及失敗了會怎樣！

松下電器公司如何將風變成生意？

很多時候，我們在生活的道路上走得不好，不是因為道路太狹窄，而是因為我們的眼光太狹窄。

一九五六年，松下電器公司與日本生產電器精品的大阪製造廠合資，設立大阪電器精品公司，製造電風扇。當時，松下幸之助委任松下電器公司的西田千秋為總經理，自己擔任顧問。

這家公司的前身，是專門做電風扇的，後來開發民用排風扇。但是即使如此，產品還是顯得有些單調。西田千秋準備開發新產品，嘗試詢問松下幸之助的意見，松下幸之助對他說：「只做風的生意就可以。」

松下幸之助的想法是：讓松下電器公司的附屬公司盡可能專業化，以圖有所突破。可是松下電器公司的電風扇已經做得相當優秀，頗有餘力開發新的領域。儘管如此，西田千秋得到的仍然是松下幸之助否定的回答。

然而，西田千秋並未因為這樣的回答而灰心喪氣，他的思維極其靈活與機敏。他看著松下幸之助，然後問：「只要是與風有關的，任何事情都可以做嗎？」

松下幸之助並未細想此話的真正意思，但是西田千秋的問題與自己的指示非常吻合，所以回答：「當然可以。」

幾年之後，松下幸之助又到這家工廠視察，看到工廠正在生產暖風機，就問西田千秋：「這是電風扇嗎？」

西田千秋回答：「不是，但是它和風有關。電風扇是冷風，這個是暖風，你說過要我們做風的生意，這個難道不是嗎？」

後來，西田千秋負責的松下精工公司的風家族，已經非常豐富。除了電風扇、排風扇、暖風機、鼓風機之外，還有果園和茶圃的防霜換氣扇、培養香菇的調溫換氣扇、家禽養殖業的棚舍換氣調溫系統……

西田千秋只做風的生意，就為松下電器公司創造一個又一個的輝煌。

生活中，我們在一條路上不斷地走，總是覺得自己不會有更大的成就。實際上，路的旁邊也是路。可能我們一生註定只能奔赴一個方向，如果總是沿著那條道路前進，就會有把路走絕的時候。西田千秋試著往旁邊跨幾步，就發現無數條道路，而且每條道路都是全新的，並且最終引領自己走向成功。

給別人最好的東西，自己也會得到最好的

你必須知道別人對自己的期望是什麼，然後滿足他們的期望。然而，只是滿足他們的期望還不夠，還要超越他們的期望。

你必須知道顧客對自己有什麼要求，主管對自己有什麼要求，然後每次都要做得比要求的更好。每次都可以這樣做的時候，在別人的心中就會成為第一人選，以後他們要做這件事情的時候就會找你。顧客要購買產品的時候，無論是不是你賣的，他們都會找你，你會成為市場上的第一品牌，在別人的心中擁有很好的信譽。

別人這樣稱讚你和需要你的時候，你就可以成為行業中的頂尖，也可以賺到很多錢。

顧客付給你一千元，希望得到一千元的價值。但是你不能只給他們一千元的價值，要比他們的要求還要好十倍。

老闆一個月付給你三萬元，希望得到三萬元以上的效益，但是你不能只做三萬元的事情，要做三十萬元以上的事情，發揮十倍以上的效益。

永遠以這種態度做事的人，想要快速成長，就是一件容易的事情。

事實上，每次遵照這個原則做事的時候，我們的收穫會非常大。因為，我們在這麼做的時候，顧客對我們會有很好的評價，而且會長期支持我們，就可以擴大服務的顧客人數。

我們做得比別人要求更好的時候，不僅別人可以得到幫助，自己也可以得到許多好處，何樂而不為？

每個成功人士都有這樣的信念：如何可以付出更多，如何可以做到最好，還有哪裡不夠完美而需要改善，是不是超過別人的要求？

我們可以給別人最好的東西，自己也會得到最好的。

只要有任何可以挽救的機會，我們就應該奮鬥

已故的美國小說家塔金頓曾經說：「我可以忍受所有變故，除了失明，我絕對無法忍受失明。」可是在他六十歲的某一天，他看著地毯的時候，卻發現地毯的顏色逐漸模糊，他看不出圖案。他去看醫生，得到殘酷的事實：自己即將失明，一隻眼睛差不多全瞎了，另一隻也接近失明。他最恐懼的事情終於發生了。

塔金頓對這個最大的災難如何反應？他是否覺得：「完了，我的人生完了！」完全不是，令他驚訝的是，自己很愉快，他甚至發揮自己的幽默感。這些浮游的斑點阻擋他的視力，大斑點晃過自己視野的時候，他會說：「嗨！又是這個大傢伙，不知道它今天要去哪裡！」完全失明以後，塔金頓說：「我現在已經接受這個事實，也可以面對任何狀況。」

為了恢復視力，塔金頓在一年以內要接受十二次以上的手術，只是採取局部麻醉！他會

抗拒嗎？他瞭解這是無可逃避的，唯一可以做的是：優雅地接受。他放棄私人病房，和其他人一起住在大眾病房，設法讓他們高興一些。他必須再次接受手術的時候，他提醒自己是何等幸運：「多麼奇妙啊，科學已經進步到連人類眼睛如此精細的器官都可以動手術。」

每個人都存在這樣的弱點：無法面對苦難。但是只要堅強，我們就可以接受它。就像原本以為自己絕對無法忍受失明的塔金頓一樣，這個時候他卻說：「我不願意用快樂的經驗來替換這次的體會。」

因此他學會接受，並且相信人生沒有任何事情會超過自己的容忍力。正如彌爾頓所說，此次經驗教導他「失明不悲慘，無力容忍失明才是真正悲慘的」。

拿破崙・希爾曾經說：「有一次，我拒絕接受自己遇到的一種不可改變的情況。我像一個蠢蛋，不斷做無謂的反抗，結果帶來無眠的夜晚，把自己整得很慘。最後，經過一年的自我折磨，我不得不接受自己無法改變的事實。」

面對不可避免的事實，我們應該做到詩人惠特曼所說的那樣：「讓我們學習像樹木一樣順其自然，面對黑夜、風暴、饑餓、意外、挫折。」

一個有十五年養牛經驗的牧牛人說，自己從來沒有見過一頭母牛因為草原乾旱、下冰雹、寒冷、暴風雨、饑餓，而有精神崩潰和胃潰瘍的問題，也從來不會發瘋。

面對現實，不等於束手接受所有的不幸。只要有任何可以挽救的機會，我們就應該奮鬥！但是我們發現情勢已經無法挽回的時候，就不要思前想後而拒絕面對。要接受不可避免的事實，只有如此，才可以在人生道路上掌握平衡。

看似不可克服的困難，往往是新發現的預兆

在奮鬥的過程中，每個人都會遇到各種挫折和失敗。一般人與傑出的成功者最大的不同，在於他們心態的迴異。

在很久以前的一場戰爭中，一枚炮彈破壞一座城堡，卻炸出一個泉眼，股股清泉噴湧而出，後來成為著名的噴泉景區。挫折對於我們也是一樣，它暫時破壞我們的心靈，卻激發奮鬥的泉水。

兩個強盜在路邊看見一個絞刑架，一個強盜說：「這個破玩意兒，要是沒有它，我們的職業有多麼棒啊！」另一個強盜說：「呸！蠢驢，幸虧有這個破玩意兒，才會輪到我們吃這碗飯，否則每個人都來做強盜！」

這個強盜的看法，遠遠超出一般人。世界上很多事情都是如此，挫折擊退許多競爭者，意志堅定者反而趁此出人頭地。

一位著名的科學家說：「看似不可克服的困難，往往是新發現的預兆。」在人類的天性中，有一種神奇的力量。這種力量無法形容和解釋，似乎不在一般的感官中，而是隱藏在心靈深處。

如果處境危急，這種力量就會爆發出來，使我們得救。在交通事故中，面臨死亡威脅的時候，每個人都會竭盡全力從險境中掙脫。那些潛藏在內心的精神力量，是在日常生活中不曾喚起的精神力量，使凡人成為巨人。

真正意識到自己力量的人，永遠不會認輸！對於一顆意志堅定而不認輸的心靈來說，永遠不會失敗：跌倒了再爬起來，即使別人已經退縮和屈服，但是他永遠不會認輸！

有多少次困難臨頭，開始以為是滅頂之災，感到恐懼，受到打擊，似乎無法逃脫，讓自己膽顫心驚。突然之間，萬丈雄心被激起，內在力量被喚醒，結果化險為夷，成為一場虛驚。

面對困難的態度十分重要。困難就像紙老虎，如果你害怕它，畏縮不前，不敢正視，它就會吃掉你；如果你毫不畏懼，敢於正視，它就會落荒而逃。對於懦弱和猶豫的人來說，困難是可怕的，越是猶豫，它就會越可怕，越不可逾越；但是自己無所畏懼的時候，困難就會消失。

塞凡提斯的命運坎坷曲折，他寫出那部享譽世界的《唐吉訶德》的時候，是被關在馬德里的監獄裡。那個時候，他窮困潦倒，連稿紙也買不起。有人請求一位富翁幫助他，那位富翁卻說：「上帝禁止我去救濟他的生活，只有他的貧窮才可以使世界富有。」果然如此，貧窮讓他在去世幾百年之後，還是受到人們的尊敬和崇拜。

此外，丹尼爾·笛福的《魯賓遜漂流記》、華特·雷利的《世界歷史》、司馬遷的《史記》，也是在監獄中寫出的。在這些人之中，司馬遷的境遇最悲慘：入獄之前，被摘除生殖器。

文學家如此，音樂家也是如此。貝多芬在兩耳失聰而窮困潦倒之時，創作自己最偉大的樂章。席勒被病魔纏身十五年，卻寫出自己最著名的作品。為了得到更大的成就和幸福，有一位名人甚至說：「如果可能，我寧願祈禱更多苦難降臨到自己身上。」

帖木兒皇帝的經歷，也可以證明這一點。他被敵人緊追不捨，最後躲進一間坍塌的破屋。就在他陷入困惑與沉思的時候，他看見一隻螞蟻背負著一粒玉米向前爬行。螞蟻重複六十九次，每次都是在一個突起的地方和玉米一起摔下來，牠總是翻不過這裡。到了第七十次，牠終於成功了！這隻螞蟻的行為，極大地鼓舞這位彷徨的英雄，使他開始對未來的勝利充滿希望。

你的收入到底是誰給你的？

根據美國市場專家的調查報告顯示：

企業只會聽到四％不滿意顧客的抱怨；

九六％不滿意的顧客會默默離去；

九一％不滿意的顧客以後絕對不再上門光顧；

一個不滿意的顧客會把自己的不滿告訴八至十人；

二〇％不滿意的顧客還會告訴二十人；

企業如果給顧客滿意的印象，七〇％會再度光臨；

如果當場解決顧客的抱怨，九五％不滿意的顧客願意再度上門；

一個顧客的抱怨被妥善處理以後，會把自己滿意的情況告訴另外五個人。

開發一個顧客是多麼緩慢，失去一個顧客是多麼迅速！得到一個顧客是多麼困難，得罪一個顧客是多麼簡單。

如果想要賺錢，是開發新顧客容易，還是賣東西給舊顧客容易？

開發新顧客的成本，比賣東西給舊顧客的成本高出六倍以上。

但是所有公司不斷花錢打廣告去吸引新顧客，卻不願意花錢去服務舊顧客。其實，應該反過來才對。

顧客的滿意度，決定你賺錢的程度。

你的收入到底是誰給你的？

是你的老闆嗎？錯了！你的老闆只是間接把顧客的錢轉到銀行以後再發給你。

不相信？嘗試得罪所有的顧客，趕跑他們以後，老闆是否還有錢可以發給你？

想要增加業績和收入，就要知道業績和收入來自何方？是來自你的顧客。沒有顧客，就沒有老闆，也沒有企業的存在。

企業經營的最佳策略，就是讓顧客滿意。

保留所有的顧客，讓他們與你繼續做生意，這就是長久賺錢之道。

如果擁有一些滿意又快樂的舊顧客，就會帶來一些滿意又快樂的新顧客。這樣一來，還會害怕不賺錢嗎？

放棄一棵樹，也許可以得到整個森林

二十世紀初期，克拉克創辦一家專門經銷煤油爐和煤油的公司。公司創立伊始，雖然刊登大量廣告，極力宣傳煤油爐的許多好處，可是收效甚微，產品幾乎無人問津，貨物大量積壓，公司面臨破產的危險。

有一天，克拉克突然靈機一動，召集所有員工，讓他們贈送煤油爐給住戶們。員工們感到莫名其妙，以為克拉克發瘋了。克拉克對他們笑了笑，什麼也沒有說。看著老闆詭異的神情，員工們只好依照他的吩咐去做。

許多住戶得到免費贈送的煤油爐以後，非常高興。知道消息的另一些住戶，立刻打電話給克拉克的公司，索要煤油爐。很快，克拉克公司的煤油爐全部送完了。當時，人們生火做飯都是用木柴和煤，自從克拉克舉行這次贈送活動以後，就開始逐漸改用煤油爐。不久之後，煤油爐顯示其獨特的優越性，許多人幾乎一天也離不開它。煤油燒完了，他們只能到市場上購買。煤油價格很高，但是他們還是必須購買。

後來，煤油爐逐漸用舊了，人們只好買新的。當初，克拉克曾經送給許多人煤油爐，因此人們對他的公司很有好感，會到他的公司買煤油和煤油爐。對於那些經常來的客戶，克拉克實行適當的優惠策略。同時，他發動強勢的廣告宣傳，吸引更多的新客戶。

從此，克拉克公司的產品暢銷不衰，每年為公司帶來將近百萬美元的利潤。五年以後，克拉克的公司發展成為一家擁有四億美元資產的公司。

看到一棵高大的樹木，不要忽略它的後面是一片茂密的森林。聰明人絕對不會被小利迷惑，而是會從長遠利益出發考慮問題。不在意一時的得失，不計較眼前的利益，才可以提高自己的信譽，得到別人的信任和支持。有「捨」才會有「得」，如果只盯著眼前的蠅頭小利，就會失去很多朋友與機會，而且永遠無法成就偉大的事業！

放棄一棵樹，也許可以得到整個森林！

感恩越多，降臨在身上的幸運就會越多

感恩不僅是一種美德，也是做人的基本條件。然而很多時候，我們看到的卻是另一番「景象」。很多員工認為老闆為自己提供平台理所當然，認為客戶購買自己的產品和服務合情合理。

平時，我們向陌生人問路，向鄰居借一本書，都要感激不盡，為什麼卻無視朝夕相處的老闆對自己的各種關照？

一位傑出的公司主管，在每個月的月底都會寫一封感謝信給自己的老闆，他介紹自己信中包含的主要內容：

（一）感謝老闆提供的平台和機會，表達自己的興奮和驕傲。

（二）寫出自己從老闆身上學到的本領和品格，表達自己對老闆的欣賞和敬佩。

（三）列舉公司讓自己成長的具體案例，表達自己的成長和進步。

（四）表達自己今後努力工作的決心。

（五）表達支持老闆，一起為實現公司宏偉目標而奮鬥不息的信心。

其實，我們在寫感謝信給老闆的時候，我們更是在感謝自己——在一個公司裡，無論哪個人離開，公司仍然可以正常運轉。唯一不能離開的，是我們自己不懈的追求和努力。

同樣地，我們更要感謝自己的客戶，自己的產品和服務也會無限的被接受和使用。事實上，每個客戶都是值得感謝的，即使是那些拒絕自己的人——因為他們至少抽出時間給我們，願意和我們交談。有很多業務員不瞭解，客戶讓我們參與自己生活的一部分，客戶願意花費寶貴時間聽我們介紹自己的產品和服務，這些不是每個人都可以做到的，所以我們需要感謝。

湯姆・諾曼是一位擅長用信函來傳達文字畫面的高手，他訓練業務員在達成或是無法達成交易以後，一定要寫信給客戶。他要求業務員在銷售成功的當天晚上就要寫信給自己的客戶，無論這個交易是在哪裡達成的。他堅持信函一定要用手寫，從來不用列印稿。他選用的信紙非常考究，甚至折信的方式也是非常用心。

他的感謝信上是這樣寫的：

「對於你的款待，我要表達個人的感謝，我非常高興拜訪你和你的家人。我很榮幸你選擇我們的產品，而且樂於聽你講授使用它帶來的成果。我會和你繼續保持聯絡，以便將來你有其他需要我服務的地方。同時，假如你有任何需要協助的地方，請不要客氣，儘管和我聯絡。謝謝你，世界因為你而變得更精彩，是你豐富我的生命。」

這封感謝信雖然只有一百四十幾個字，卻勾勒出一些畫面，並且給新客戶不同程度的震撼。

無論如何，都要讓客戶確信「我不會以為你買了產品就不再管你」。如果我們經常這樣做，感謝信將會使自己達成更多業績，並且建立穩固的銷售生涯與事業。

一個人在生命中感恩的事情越多，降臨在他身上的幸運事情就會越多。

學會資料卡管理，幫助自己走向事業的巔峰

美國前總統柯林頓在念大學的時候，習慣把自己見過的人全部記下來。他把這些人的名字寫在資料卡上，經常打電話或是寫信給他們。他與這些人談話的內容和他們的回信，他詳細地記錄和保存。後來，他競選阿肯色州州長的時候，已經擁有超過一萬張的資料卡，這些人後來統稱為「比爾的朋友」。正是這些朋友，幫助柯林頓一步一步走向事業的巔峰。

我們越是可以瞭解別人，越是可以符合別人的需求，別人越會喜歡我們。別人越會喜歡我們，越會願意配合我們，給我們要分享的訊息，幫助我們達成自己的目標。

哈維·麥凱曾經提到，每個業務員都要瞭解自己的顧客六十六個最重要的相關因素的背景。他要求自己的業務員對顧客應該有全面的瞭解，幾乎比調查局還要嚴格。就是因為他可以

對顧客的需求瞭若指掌，所以他可以把顧客照顧得無微不至。

舉一個例子：麥凱知道某個顧客是高爾夫球明星傑克・尼克勞斯最忠實的球迷，所以他買了一本傑克・尼克勞斯寫的書，並且請傑克・尼克勞斯簽名。麥凱把這本書送給那個顧客的時候，那個顧客非常興奮，因為他無法想像自己擁有傑克・尼克勞斯簽名的書，而且是麥凱給自己的。這種情形發生之後，他覺得麥凱做人處事非常成功，因此他不斷地告訴自己的朋友：「只要有任何的生意，一定要跟麥凱合作。」因為，麥凱的服務是第一流的。

為什麼麥凱可以做到這一點？因為他非常瞭解別人的需求，出其不意地做出別人期望的事情。

「動之以情」往往比「曉之以理」更有效。因此，我們應該努力瞭解別人的生活習性和工作習慣——可以這麼仔細瞭解別人需求的時候，自己的出擊通常是無往不利的。

一定要對自己有這樣的瞭解，對每個顧客有這樣的瞭解，對每個結交的朋友有這樣的瞭解。然後，適時提出符合他們胃口的想法，送一些他們喜歡的禮物，讚美他們的孩子和家人，這樣一來，自己的職業生涯就會無往不利。

也許我們不是推銷員，但是一定會在人際關係中推銷自己，人際交往中沒有推銷與不推銷之分。

按照文件記錄，記下客戶、朋友、合作者以及自己認識的每個人的基本情況，然後用最周到的服務對待他們。

在這個世界上，主人其實是僕人的責任者，僕人其實是主人的推動者，每個人其實都是服務者。

猶太人如何利用資料為商品進行宣傳？

聰明的商人不賣東西，他們從來不會盲目信任商品。他們知道，只對自己的商品有把握還不夠，要千方百計地為自己的商品提高知名度。

在這個方面，猶太人有很多技巧，他們會利用各種管道向人們說明高價推銷的道理和自己商品的好處。他們會運用統計資料和宣傳冊子，或是配合使用者贈送資料卡，其名目多得驚人。

有一位商人曾經深有感觸地說：「在我的辦公桌上，最多的大概就是猶太人贈送的資料，它們在那裡堆積如山。幾乎每個消費者都有一份猶太人免費贈送的資料，猶太人的商品似乎無孔不入。」

猶太人用這些資料為商品進行輿論宣傳，他們用贈送的資料來教育消費者。

一位日本遊客到歐洲某個旅遊勝地觀光，想要坐纜車上山，就來到纜車售票處。他看到纜車比其他地方更豪華舒適，但是價錢幾乎高出一倍，於是向售票員建議：「為什麼不把價錢定得低一點？這樣一來，我保證你們可以招攬到更多顧客。」

售票員笑盈盈地說：「我們實行的是『高價服務』原則，這裡的纜車有其他地方的纜車無法比擬的好處。服務品質越高，需要得到的報酬就會越高。因此，我們怎麼可以和服務品質比我們差的地方相提並論？雖然現在我們的顧客似乎比其他地方少，但是以接近兩倍價錢來扣除這個差額，我們還是賺錢。而且顧客坐過我們的纜車以後，也不會抱怨我們的價錢比較貴。先生，你不妨試試。」

這位遊客仔細思考，果然如售票員所說，他們現在有十四個顧客，其他地方有二十個顧客，前者的價錢是後者的將近兩倍，這樣計算以後，前者賺的錢還是比後者更多。

猶太人對自己的商品有信心，所以不會降低價格。他們認為，只有對自己的商品沒有信心才會降低價格，這是一種「搬石頭砸自己的腳」的愚蠢做法。

猶太人對「薄利多銷」的做法嗤之以鼻：

「為什麼要為了獲取『薄利』而多銷？難道商人追求的不是高額的利潤嗎？這種做法簡直是自欺欺人！」

很多人都相信：價錢越高，商品就會越好。如果商品價錢很低，即使商品品質很好，問津者也是寥寥無幾，這是世界各國大多數顧客的心理。猶太人抓住這種心理，以高價出售商品，所以他們賺錢的速度比一般商人更快。

尋找周圍被忽略的機會

一些眾人稱羡的發明家和企業家，和一般人差異最大的地方在於：他們勇於用創新的角度思考，並且積極掌握機會，讓自己的人生和事業獲得跳躍式的成長。

想要擁有創新的思考角度，不必像愛因斯坦或是其他偉人一樣，摒棄所有傳統的想法。只要讓腦筋轉彎，即使只是一個弧度。想要在事業或生活上創造突破，秘訣是：更聰明地工作，而不是更努力工作。想要更聰明地工作，就要學會創造性思考，並且努力落實這些想法，才可以創造突破。

想要有所創新，就要突破思維定式。

日本東芝電器公司曾經在一九五二年積壓大量電扇，七萬多個員工為了打開銷路，搜腸刮肚地想出很多方法，但是毫無起色。有一天，一個員工想到一個方法——改變電扇的顏色。當時，全世界的電扇都是黑色的，沒有人想到電扇也可以做成其他顏色。這個建議引起東芝公司董事長的重視，經過研究，公司採納這個建議。第二年夏天，東芝公司推出一批淺藍色的電扇，在市場上掀起一陣搶購熱潮，幾個月之內就賣出幾十萬台。從此以後，在日本甚至全世界，電扇不再是一副黑色的面孔。

很多人以為成功是一步一步累積而來，其實這個觀念不完全正確。但是大多數人深受這個觀念的影響，並且將它應用在生活和工作中，為了每天少許的改進而感到得意。事實上，這樣很可能成為扼殺自己成功的因素。

這個觀念讓我們為了工作不斷努力，總是以為自己做得還不夠。然而，我們是否有想到，如果只是跟隨前人的模式前進，那些擁有龐大產業規模的經營者為何可以領先眾人？一步一步地做，或許是最安全的方式，但是反過來想，為什麼不跳過那些階梯，創造一些跳躍式的突破？

一般人總是以為跳躍是危險的，但是事實上，跳躍也可以安全而快速。想要創造跳躍式的突破，首先要捨棄目前慣有的商業模式，尋找周圍被忽略的機會，並且學習其他產業創新的經營模式和想法。觀察其他產業的經營模式之後，或許我們會驚訝地發現，很多原則應用到自己的事業也同樣適合。最後我們會發現，花費同樣的時間、人力、資本，卻可以達到更好的結果。

突破可能來自常識，一些看起來很普通的東西，只要敞開心胸去觀察，尋找更簡單、更容易、更有效率的做事方法，就可以創造突破。

第4章

堅持和相信，可以讓自己克服所有困難

腳踏實地，是我們在成長中不可缺少的

大多數平凡的人，都希望自己成為不平凡的人。他們夢想成功，才華獲得賞識，能力獲得肯定，擁有名譽、地位、財富。遺憾的是，真正可以做到的人，微乎其微。

所有的成功人士，都有一個共同的特徵：無論智商高低，無論從事什麼行業、擔任什麼職務，都可以保持積極進取的態度，看重自己的價值，對目標執著，並且堅持到底。

除了音樂家、畫家、運動員依靠某些天賦才有可能做出一番成就以外，絕大多數人都是依靠後天的訓練與努力獲得成功。

一位知名的經濟學教授曾經引用三個經濟原則，做出貼切的比喻：

比較利益原則

他指出，就像一個國家選擇經濟發展策略一樣，每個人應該選擇自己最擅長的工作，做自己專長的事情，才可以愉快地勝任。

換句話說，我們不必羨慕別人，自己的專長對自己是最有利的，這就是經濟學的「比較利益」原則。

機會成本原則

自己做出選擇之後，就要放棄其他選擇，兩者之間的取捨就是這個工作的機會成本，自己必須全力以赴，增加對工作的認真度。

效率原則

工作的成果不是在於工作時間的長短，而是在於效率和附加價值的高低。只有這樣，自己的努力才不會白費，才可以得到適當的報償與鼓勵。

機會不是等待，如果我們遲疑，它就會投入別人的懷抱。我們不必看輕自己，要相信自己的能力是獨一無二的，自己正在完成一件偉大的事情。有朝一日，我們就可以變得「很不平凡」。

腳踏實地是我們在成長中不可缺少的。每個人在年輕的時候都會立志，有些人想要成為科學家，有些人想要成為發明家，但不是每個人都可以成為科學家和發明家。培養一技之長，累積自己的資源，最終才會如願以償。

人生充滿變數，一個人的成功與否，不僅要看他的資質，還要看他的毅力。我們應該擁有夢想，否則就會失去奮鬥的目標和方向，但是成功的條件必須日積月累地做好準備，絕對不要躺在那裡等待。

如果我們總是做自己最擅長的事情，在選擇中注重效率，把自己的價值最大化，最終就會有所成就。

勤奮加上毅力，任何阻礙都無法抵擋我們成功

任何事情的成功，不是依靠偶然的奇蹟，也絕非不勞而獲，而是來自兢兢業業的磨練和孜孜不倦的追求。**美國政治家韋伯斯特說：「我一生絕對不坐食一片麵包。」**一個終日遊手好閒的人，任憑天資多麼聰明機敏，如果不願意認真學習，也不會成為知識淵博的飽學之士。

相反地，即使天生資質愚鈍，只要比別人更努力，每天認真學習，最後也會有所成就。

有「近代化學之父」之稱的道爾頓，是英國傑出的化學家和物理學家。出生在貧寒家庭的他，十五歲的時候就離開家鄉到城市謀生。

出外謀生的道爾頓，找到的第一份工作是一位校長的助理。他一邊工作一邊讀書，每天都

到深夜才休息，並且很早起床學習。

在長達十二年的時間裡，不怕吃苦的他，半工半讀，累積大量的科學知識。二十六歲那年，他前往曼徹斯特工作，第二年成為曼徹斯特學院的數學兼自然哲學教授，正式從事科學研究工作。

道爾頓從二十一歲開始記錄氣象日誌，五十年如一日，從來不中斷，總共留下二十多萬條氣象記錄。終生未婚的他，把自己奉獻給科學，並且在天文、化學、物理方面有傑出的貢獻。

雖然沒有接受正式的教育課程，但是道爾頓在科學研究領域獲得成功。認真苦讀的自學精神，正是他成功的秘訣。

沒有人是天生的成功者，無論是天才或庸人，都要具備堅忍的信念和勤奮的毅力，才可以突破所有困難，獲得偉大的成就。

拿破崙・希爾說：「失敗只是證明我們成功的決心不夠堅強。」

為什麼決心不夠堅強？因為我們害怕吃苦，遇到困難就會逃避退縮。

只要將勤奮和毅力結合在一起，任何阻礙都無法抵擋我們登上成功的寶座。

信念是所有奇蹟的萌發點

缺乏堅定的信念，是很多人的一個缺點，但是以下這個人並非如此。

羅傑·羅爾斯是美國紐約州歷史上第一位黑人州長。

他出生在紐約聲名狼藉的大沙頭貧民窟。

這裡環境骯髒，充滿暴力，是偷渡者和流浪漢的聚集地。

在這裡出生的孩子，耳濡目染，他們從小蹺課、打架、偷竊，甚至吸毒，長大以後很少有人從事體面的職業。

然而，羅傑·羅爾斯是例外，他不僅考進大學，而且成為州長。

在就職的記者會上，一位記者對他提問：「是什麼把你推向州長寶座？」

面對三百多個記者，羅爾斯對自己的奮鬥史隻字未提，只談到他的小學校長——皮爾·保羅。

一九六一年，皮爾·保羅被聘為諾必塔小學的董事兼校長。當時，正值美國嬉皮流行的時代，他走進諾必塔小學的時候，發現這裡的窮孩子比「迷惘的一代」還要無所事事。

他們不與老師合作，曠課和鬥毆，甚至砸爛教室的黑板。皮爾·保羅想出很多方法來引導他們，可是沒有一個奏效。後來，他發現這些孩子很迷信，於是在他上課的時候就多出一項內容——替學生看手相，他用這個方法來鼓勵學生。

羅爾斯從窗台上跳下，伸著小手走向講台的時候，皮爾·保羅說：「我看你修長的小拇指就知道，將來你是紐約州的州長。」

當時，羅爾斯大吃一驚，因為長這麼大，只有他奶奶讓他振奮過一次，說他可以成為五噸重小船的船長。

這一次，校長竟然說他可以成為紐約州的州長，確實出乎他的預料。

他記下這句話，並且相信它。

從那天開始，「紐約州州長」就像一面旗幟，羅爾斯的衣服不再沾滿泥土，說話的時候也不再夾雜汙言穢語。

他開始挺直腰桿走路，在之後的四十多年，他沒有一天不按照州長的標準要求自己。五十一歲那年，他終於成為州長。

在就職演說中，羅爾斯說：「信念值多少錢？信念是不值錢的，它有時候甚至是一個善意的欺騙，然而你如果堅持下去，它就會迅速升值。」

在這個世界上，信念這種東西任何人都可以免費獲得。所有成功的人，最初都是從一個微小的信念開始，信念是所有奇蹟的萌發點。

佛羅倫絲為什麼中途放棄游過卡塔利娜海峽？

想要跳多高，就會跳多高，目標決定人生。

「跳蚤效應」來自於一個有趣的實驗：生物學家曾經將跳蚤隨意向地上一拋，牠可以從地面上跳起一公尺。但是如果在一公尺高的地方放一個蓋子，跳蚤會跳起來，撞到蓋子，而且是一直撞到蓋子。過了一段時間以後，拿掉蓋子就會發現：雖然跳蚤繼續在跳，但是已經無法跳到一公尺高以上，直至生命結束都是如此。

為什麼？理由很簡單，跳蚤已經調整自己跳的高度，而且適應這種情況，不再改變。不僅跳蚤如此，人們也是一樣。很多人都知道自己在人生中應該做什麼，但是遲遲無法付諸行動，根本原因就是：他們欠缺一些可以吸引自己的未來目標。

有什麼樣的目標，就有什麼樣的人生！

一九五二年七月四日清晨，加州海岸籠罩在濃霧中。在海岸以西二十一英里的卡塔利娜島上，一個三十四歲的女人涉水進入太平洋中，開始向加州海岸游去。要是成功了，她就是第一個游過這個海峽的婦女，她的名字是佛羅倫絲·查德威克。在此之前，她是從英法兩邊海岸游過英吉利海峽的第一個婦女。

那天早晨，霧很大，海水凍得她身體發麻，她幾乎看不到護送自己的船。時間一個小時一個小時地過去，千千萬萬人在電視上注視她。在以往這類渡海游泳中，最大的問題不是疲勞，而是刺骨的水溫。十五個小時之後，她被冰冷的海水凍得渾身發麻。她知道自己不能再游了，就叫人拉她上船。她的母親和教練在另一艘船上，他們告訴她海岸很近了，叫她不要放棄。但是她向加州海岸望去，除了濃霧以外，什麼也看不到。幾十分鐘之後，人們把她拉上船，她上船的地點，距離加州海岸只有半英里！

別人告訴她這個事實以後，從寒冷中復甦的她很沮喪。她告訴記者，真正讓自己半途而廢的不是疲勞，也不是寒冷，而是在濃霧中看不到目標。她在自己一生中，只有這次沒有堅持到底。兩個月之後，她成功地游過同一個海峽。她不僅是第一位游過卡塔利娜海峽的女性，而且比男子的紀錄快了大約兩個小時。

對於佛羅倫絲這樣的游泳好手來說，尚且需要目標才可以聚集力量完成自己有能力完成的任務，對於一般人來說更是如此。

只有奮發圖強，才可以拯救自己

拿破崙的父親是一個非常高傲卻極其窮困的科西嘉貴族，他把拿破崙送進一個在布列訥的貴族學校，在這裡與拿破崙往來的都是一些在他面前極力誇耀自己富有和譏諷他窮苦的同學。

這種譏諷的行為，雖然引起拿破崙的憤怒，但是他一籌莫展，只有向威勢屈服。

後來實在受不了，拿破崙寫信給父親：「為了忍受這些外國孩子的嘲笑，我實在疲於解釋自己的貧困，他們唯一高於我的就是金錢。至於說到高尚的思想，他們遠在我之下。難道我應該在這些富有而高傲的人面前繼續謙卑下去嗎？」

「我們沒有錢，但是你必須在那裡讀書。」這是他父親的回答，因此他忍受五年的痛苦。

但是每個嘲笑、每個欺侮、每種輕視的態度，都增加他的決心，他發誓要做給他們看，證明自己確實高於他們。

他是如何做的？這不是一件容易的事情。他不是空口說白話，只是在心裡暗暗計畫，決定利用這些沒有頭腦卻傲慢的人作為橋樑，使自己得到技能、富有、名譽。

在部隊期間，他看見戰友們在空閒的時候追求女人和賭博。他那種不被人們喜歡的矮小體格，使他決定改變方針，用努力讀書的方法和他們競爭。

他不是讀沒有意義的書，也不是以讀書來消遣自己的煩惱，而是為自己理想的將來做準備，立志要讓所有人知道自己的才華。因此，在選擇圖書的時候，他就是以這種決心作為選擇範圍。

他住在一個既小又悶的房間裡。在這裡，他面無血色，孤寂沉悶，但是他仍然不停地閱讀。他想像自己是一個總司令，將科西嘉島的地圖畫出來，地圖上清楚地指出哪些地方應該布置防範，這是用數學的方法精確地計算出來。因此，他的數學才能得到提升，讓他第一次有機會顯示自己可以做什麼。他的長官認為他的學問很好，就派他在訓練場上執行一些任務，這需要非常複雜的計算能力。

他的工作做得很好，於是又獲得新的機會，他開始走上有權有勢的道路。

這個時候，所有的情形都改變了。從前嘲笑他的人，現在都湧到他的面前，想要分享一些他得到的獎金；從前輕視他的人，現在都希望成為他的朋友；從前揶揄他矮小無用的人，現在都非常尊重他，他們都變成他的忠心擁戴者。

假如拿破崙的同學沒有嘲笑他的貧困，假如他的父親允許他休學，他的感覺就不會那麼難堪。他知道，在困境中，只有奮發圖強才可以拯救自己、成就事業、出人頭地。

信心發揮作用的過程是這樣的

心存疑惑，就會失敗；相信勝利，必定成功。相信自己可以成功的人，就會成就事業；認為自己無法成功的人，永遠一事無成。

成功表示許多美好而積極的事物。**成功！成功！這就是生命的最終目標。**最實用的成功經驗，可以在《聖經》的章節中找到，那就是：「堅定不移的信心可以移山」。可是真正相信自己可以移山的人不多，真正做到「移山」的人也不多。

有時候，我們可能會聽到這些話：「只是像阿里巴巴那樣喊：『芝麻，開門！』就想要把山移開，那是根本不可能的。」確實，我們無法用「希望」移動一座山，也無法用「希望」實現目標，但是拿破崙・希爾告訴我們：只要有信心，就可以移動一座山。只要相信自己可以成功，就可以贏得成功。關於信心的威力，沒有什麼神奇或神秘可言。信心發揮作用的過程是這樣的：相信「自己可以做到」的態度，產生能力、技巧、精力這些必備條件，相信「自己可以做到」的時候，就會想出「如何去做」的方法。

每天都有許多年輕人從事新工作，他們「希望」可以登上最高階層，享受隨之而來的成功果實。但是他們絕大多數不具備必需的信心與決心，因此他們無法到達頂點。因為他們認為自己無法到達頂點，以致無法找到登上巔峰的途徑，他們的作為只是停留在一般人的程度。但是還是有少數人相信自己一定會成功，他們抱持「我就要登上巔峰」（這不是不可能）的積極態度去進行各項工作。這些年輕人仔細研究許多主管的各種作為，學習他們分析問題和做出決定的方式，並且留意他們如何應付進退。最後，他們終於依靠堅強的信心達到目標。

信心是成功的秘訣。拿破崙曾經說：「我成功，是因為我志在成功。」如果沒有這個目標，拿破崙就不會有毅然的決心與信心，成功也會與他無緣。

警察告訴你此路不通，你應該怎麼辦？

只要用心，一切皆有可能。

只要可以不斷突破自己已知的範圍，進入未知的領域，不達目的誓不甘休，不斷尋找新的解決方法。

如何才可以有效地突破？答案其實很簡單，那就是：讓自己做一些從前沒有做過的事情，以及從前不敢做的事情！如果我們總是在自己已知的範圍裡打轉，怎麼可能產生不同的結果？

不要忘記：重複舊的行為，只會得到舊的結果！

在你快要下班的時候，你的妻子打電話給你：「記得今天是什麼日子嗎？」你突然想起，今天是自己的生日，「我和孩子為你準備豐盛的晚餐，讓我們過一個快樂的生日，請你趕快回家。」你非常高興，下班以後拎著公事包，興沖沖地回家。

在回家的路口，交通又阻塞了，警察告訴你：「此路禁止通行！」你應該怎麼辦？當然是換一條路繼續前進。對不起，這條路因為房屋拆遷而封閉，任何人都不能通過。

這個時候，你有三個選擇：第一，放棄回家；第二，坐在路旁，等待道路開放；第三，尋找另一條路。如果你不放棄回家，如果你不放棄追求幸福快樂，就不會考慮第一個選擇和第二個選擇，而是會集中精力去尋找另一條路。不幸的是，這條路還是無法通行，你應該怎麼辦？

如果你不放棄回家，就會尋找第四條路；如果第四條路因為火災而封閉，就會尋找第五條路；如果第五條路因為淹水而封閉，就會尋找第六條、第七條、第八條路，直到回家為止。

如果「回家」是你的終極目標，你就會一直嘗試，不斷地尋找方法，而不是說：「算了，沒有辦法，我不回家了。」因為你知道，自己的妻子和孩子在家中等自己回家。

沒有辦法，只是表示我們已知範圍內的方法已經用盡，只要我們可以不斷嘗試新的事物、新的機會、新的方法，不斷突破自我和改變自我，永遠沒有「不可能」這個詞語。

從今天開始，將「不可能」這個詞語從自己的字典中抹去。沒有不可能！「不可能」是安於現狀者的藉口。「不可能」絕非事實，而是觀點；「不可能」絕非誓言，而是挑戰。「不可能」是發掘潛能，「不可能」絕非永遠。

夢想變成現實的路徑到底在哪裡？

麥特從小就喜歡繪畫，他將所有業餘時間用在臨摹各種繪畫作品和習作練習上，他的理想是成為一位畫家或是設計師。可是在他十歲的時候，父親做生意欠下許多債務。於是，他讀完中學以後，就要自謀生路。

不久，麥特來到一家電器製造廠工作。他是一個普通工人，加上年齡很小，所以幾乎沒有人注意他。在最初工作的三年裡，麥特一直保持自己的興趣——利用業餘時間，練習繪畫技巧。第四年，麥特的命運出現轉機。當時，公司一項提案正在召集人才，麥特憑藉自己的繪畫才華應試。結果，他的方案從很多應試者中脫穎而出，獲得第三名。

麥特的繪畫才華，引起主管部門的注意。於是，他被調到業務部，擔任業務助理。第二年，公司要進行一個大型銷售宣傳活動，麥特的才華終於有用武之地。他製作的附加漫畫和彩色插圖的戶外看板，以及帶有插圖的電器說明書，獲得極大的成功。幾乎是在一夜之間，他獲得銷售冠軍的成績。

逐漸地，麥特將自己的專長應用到工作的各個方面。他熱愛繪畫與設計，接連兩次的成功記錄，使他更有自信。他積極、快樂、努力，從工作中品嘗成功的喜悅。

麥特將每項工作都當作自己的興趣，並且最大限度地應用自己的才華。業務員提供業績報表的時候，只要填上銷售狀況和銷售成績就可以，但是麥特不僅做這些。他買了一台照相機，將戶外看板和櫥窗以及裝飾得琳琅滿目的店面拍攝下來，與報表一起送到主管部門。

圖片一目瞭然，又配有準確的文字說明，麥特的這個新穎做法，給主管留下極其難忘的印象。許多人一致認為，麥特是一個具有創新精神的人。一項簡單的工作，只要經過他處理，就可以變換出不同的感覺。他雖然學歷不高，卻可以提出令人驚訝的創意和吸引人們的方法，而且非常努力，為什麼不讓他從事可以更好施展自己才華的工作？就這樣，麥特被調到宣傳部工作，他實現自己一直以來的理想，成為一位專職設計師。

所有付出都會有所回報！無論是為了發展自己興趣的付出，還是為了工作而進行的努力，都是向自己的夢想靠近的行為。麥特對繪畫與設計的熱愛，以及想要成為一位畫家或是設計師的理想，沒有因為外在條件的變化而改變。他一直為自己的未來做準備，一直朝向自己的夢想前進。終於，累積達到一定限度的時候，才華在自己的身體裡呼喚實現它的計畫，麥特抓住一個普通人看來不起眼的機會，尋找到工作與理想的最佳結合點！

記住自己的夢想，並且不斷在內心重複它，就會讓自己的目標更明確。如果因為各種外在條件的限制，我們無法實現自己的理想，就要在現在的工作中盡量尋找理想與現實之間的結合點。就像麥特那樣，熱情地投入工作，並且盡力將自己的優勢發揮出來，為自己的企業和客戶提供新穎的創意與優秀的服務——如果我們可以堅持不懈地這樣做，在未來的某一天，我們就會發現，夢想已經悄無聲息地變成現實！

喬・吉拉德如何為自己繪製幻想圖？

喬・吉拉德被譽為「美國最偉大的業務員」，他在十五年之中，總共賣出一萬三千零一輛汽車，其中一年賣出一千四百二十五輛，被載入金氏世界紀錄大全。他可以取得如此傲人的成績，想像力可謂功不可沒。

「在我的詞庫裡，心理學家所說的『想像』似乎有些不切實際的意味，所以我更喜歡把它叫做『繪製幻想圖』。這種技巧可以幫助我有效地將夢想變成現實，並且根據不同的需要，透過不同的方式發生作用，例如：減肥、戒菸、舒緩壓力、建立信心、增加意志力。」

喬・吉拉德這樣繪製自己的「幻想圖」：

「找一個閒暇的日子，找一間空寂的辦公室，或是在自己的房間裡，或是在庭院的一角——在任何讓你感到放鬆的地方，只要不受別人干擾。舒服地坐下來，可以坐在椅子上、地板上、草坪上，然後慢慢閉上眼睛。現在，你開始幻想：自己的面前已經支起畫架，鋪好畫布，並且挑選一支畫筆，蘸滿油墨或是水彩。接下來，你可以按照自己的意願，在幻想中畫畫。如果你不滿意，可以立刻把它擦去，從頭再來。無論你幻想什麼，都應該想著它、『看見』它、做到它。」

喬・吉拉德年輕的時候和父親住在一起，父親總是說他將來絕對不會有什麼出息，父親的消極態度成為他後來取得成功的原因。年輕氣盛的他，做事的動機就是為了「要做給父親看」！

「我開始推銷汽車的時候，已經三十五歲了。那個時候，我對自己信心不足，疑慮重重。畢竟，我剛在住宅建築生意中栽跟頭。所以，父親說我不會有什麼出息的時候，我也似乎覺得他說得沒錯。不久以後，我開始嘗試改變自己。下班以後，我獨自一人坐在自己的辦公室裡，身心盡情放鬆，把外界的所有事物拋在腦後。接著，我閉上雙眼，攤開『畫布』，握緊『畫筆』。那個時候，沒有人告訴我應該做什麼，又應該怎麼做。恍惚間，只覺得有一個念頭在支配我的行動。我畫了一幅人物肖像，畫的不是我，而是我的父親，我在畫中根本看不見任何自己的影子。我看到的父親皺著眉頭，癟著嘴教訓我：喬，瞧你那個模樣，將來絕對不會有什麼出息。我每天注視這幅畫，並且在心裡體會有朝一日可以證明他錯了的快感。或許這樣的動機不對，但是我仍然把它運用到推銷中，那就是：隨時銘記我父親的形象。瞧，不可思議的事情發生了：我的汽車銷售業績就像燎原之火一樣遍地開花。」

喬・吉拉德不僅想像父親的模樣，而且把他的照片鑲上鏡框，擺在辦公桌上。這個時候的幻想圖，實際上已經變成真正的圖畫，他每天看著它，並且堅定「做給父親看」的信念。

三年以後，喬・吉拉德三十八歲，終於成為世界上頭號零售業務員——多年以來，他哪裡是在向顧客和業主推銷汽車，簡直就是在對著畫中的父親，費盡心血地推銷每輛汽車。

只有想不到，沒有做不到。喬・吉拉德就是這樣天才地將想像力發揮到極致，進而由一個擦皮鞋出身的孩童登上人生輝煌的頂峰。

相信自己可以，自己就可以

相信自己可以，自己就可以。

對「無所不能」抱持懷疑態度的人，他們孤獨、失業、疾病纏身、貧窮、鬱鬱寡歡，而且總是從外界尋找造成這些不幸的原因。他們總是帶著一副拒人於千里之外的面孔——做出充滿懷疑的表情，袖手而坐、側眼旁觀——總而言之，他們的行為舉止非常消極。他們總是問別人，自己是否可以有所改變？**與此相反的是，相信「無所不能」的人會問，自己如何才可以有所改變。**

有些人說，積極的思想是不正確的，至少是評價過高。事實上，除了積極思想，我們還有何種選擇？答案只有一個：消極看待世界，或是悲觀主義。與積極思想相反、與樂觀主義相悖的選擇只有一個，那就是：消極思想、悲觀主義！透過悲觀主義和消極思想可以取得成功嗎？

有一些企業家，他們從身無分文到擁有跨國公司；有一些運動員，他們獲得奧運金牌，成為世界體育大師；有一些藝術家，他們的唱片銷量數以百萬計。然而，沒有一個是因為對未來抱持消極悲觀的態度而取得成功。

為什麼這個世界上有那麼多悲觀的人？答案是：由於消極的感應作用。哈佛大學的研究顯示，人們在十八歲之前受到的消極感應作用高達十五萬個！這種消極的意志移植聽起來幾乎完全相同，並且總是在傳播同樣的資訊：你無法完成！你的年紀太小了！你是一個孩子！你不能做！你太笨了！你太胖了！你是一個女孩！你的年紀太大了……這樣的例子不勝枚舉。

在這樣的「動力」作用下，在這樣的條件限制下，我們成為失敗者和輸家完全不奇怪。但是有一點還是可行的：為什麼不設法改變現狀？為什麼不從此刻開始下定決心，成為一個成功者和贏家？

成功者的反義詞就是失敗者，這絕對不是表示我們的成功之路必須建立在失敗的基礎上。我們是否曾經想過，自己是否真的可以解決問題，自己是否真的可以戰勝困難，自己是否真的可以從失敗中站起來？

如果每位老師都沒有戰勝愚蠢的願望，這個世界會變成什麼模樣？

如果每位醫生都沒有戰勝疾病的渴望，這個世界會變成什麼模樣？

不，我們需要成功者！成功絕對沒有踏著別人的「屍體」前進的內涵，而是表示消除弊病和糾正不良狀況。

讓我們捫心自問，有誰不想成為贏家，有誰不想成為成功者？

第5章

思考讓自己變得富有的有效途徑

五美元匯票改變的財富人生

在日常生活中，有許多偶然的事情會決定自己未來的命運，前提是自己必須幫助別人和受到幫助。以下這個故事，已經成為這個方面的經典。

柏年在美國的律師事務所剛開業的時候，一台影印機也買不起。移民潮一波接一波地湧進美國的土地上，他接下許多移民的案件，經常在凌晨被叫到移民局的拘留所領人，還要在黑白兩道之間周旋。他開著一輛掉漆的本田汽車，在小鎮之間奔波，兢兢業業地擔任職業律師。多年以後，他終於媳婦熬成婆，電話線換成四條，擴大辦公室，雇用專職秘書和辦案人員，氣派地開著賓士汽車，受到眾人禮遇。

然而，天有不測風雲，因為一念之差，他將資產投資股票，卻幾乎賠盡。更不幸的是，歲末年初，移民法再次修改，職業移民名額削減，頓時門庭冷落。他沒有想到，自己從輝煌到倒閉，幾乎只在一夜之間。

這個時候，他收到一封信，是一家公司總裁寫的：願意將公司三〇%的股權轉讓給他，並且聘請他為公司和其他兩家公司的終身法人代理，他不敢相信這件事情。

於是，他找上門去。總裁是一個四十歲左右的波蘭裔中年人，「還記得我嗎？」總裁問。

他搖搖頭，總裁微微一笑，從辦公桌的抽屜裡拿出一張皺巴巴的五美元匯票，上面夾著的名片印著柏年律師的地址和電話，他實在想不起還有這件事情。

「十年以前，」總裁開口了，「我在移民局申請工作許可證，排到我的時候，移民局已經快要關門了。當時，我不知道工作許可證的申請費用調漲五美元，移民局不收個人支票，我也沒有多餘的現金，如果我那天無法拿到工作許可證，老闆就會另雇他人。這個時候，是你從身後遞給我五美元，我請你留下地址，以便把錢還給你，你給我一張名片。」

他逐漸回憶起來，但是仍然半信半疑地問：「後來呢？」

「後來，我就在這家公司工作。很快地，我發明兩個專利。我到公司上班以後的第一天，想要把這張匯票寄出去，但是一直沒有寄出去。我獨自一人來到美國生活，經歷許多冷落和磨難。這五美元改變我對人生的態度，所以我不能隨便寄出這張匯票。」

這個故事似乎有些離奇，但是世界上所有的離奇都有偶然性，只要這種偶然性再次發生，就會成為生活的重大轉機。試想一下，如果柏年不用五美元幫助別人，怎麼可能受到總裁那麼大的恩惠？儘管他起初不是有意的，但是無心插柳柳成蔭，這種無意的助人行為，帶來的是受到幫助以後的成功。

你現在想到一個好創意了嗎？

一定要讓優柔寡斷和猶豫不決從自己的生活中離開，從現在就開始做！

猶豫不決的人總是想要等待最佳時機才去做事，實際上，這些人就是缺乏立刻開始的決心，因為「應該那樣做，卻沒有那樣做」經常讓許多人遺憾終生。如果想要成就大事，千萬不能這樣說：「我有很多計畫沒有實現。」這種人應該說「我現在就去做，要立刻開始」的時候，卻說「有一天，我一定會去做」。

隨時記住班傑明·富蘭克林的話：「今天可以做完的事情，不要拖到明天。」這就是我們經常說的：「今日事，今日畢。」

如果隨時想到「現在」，就會完成許多事情；如果隨時想到「有一天」，就會一事無成。

幾年以前，一位很有才氣的教授想要寫一本傳記，專門研究「幾十年以前，一些讓人們議論紛紛的人物軼事」。這個主題有趣又少見，非常吸引人。這位教授博學多聞，文筆非常生動，這個寫作計畫註定會為他贏得名譽和財富。

一年以後，一位朋友遇到他，無意中提到那本書，並且問他是否即將大功告成。可是他非常慚愧地告訴朋友，自己還沒有動筆。他猶豫一下，好像在思考如何解釋比較好。最後，他說自己太忙了，還有許多更重要的工作要完成，所以沒有時間寫作。他這樣解釋，等於是把這個寫作計畫埋進墳墓裡。他還沒有開始寫作，就已經擔心寫作是多麼累人的工作，已經設想失敗的理由。

具體可行的創意很重要，我們要有創造與改善任何事情的創意。成功和那些缺乏創意的人永遠無緣，但是我們不能曲解其中的含義。因為只有創意還不夠，那種可以使自己獲得更多生意或是簡化工作步驟的創意，只有在真正實施的時候才有價值。

每天都有數以千計的人把自己辛苦得來的想法取消或是否決，因為他們不敢執行。但是過了一段時間之後，這些想法又會回來折磨他們。

所以，請記住以下兩種想法：

第一，確實執行自己的創意，以便發揮它的價值。無論創意有多麼好，除非真正身體力行，否則永遠如同廢話。

第二，執行的時候，內心要平靜。拿破崙・希爾認為，世界上最悲哀的一句話是：「我當時應該那樣做，卻沒有那樣做。」我們經常聽到別人說：「如果我幾年以前開始著手計畫那筆生意，現在就發財了！」或是「我已經料到了，很後悔當時沒有做！」一個好創意如果胎死腹中，真的會讓人嘆息不已，永遠無法釋懷。

你已經想到一個好創意了嗎？如果有，現在就去做。

神在取得成功之前做什麼？

大多數的人會讓機會溜走，因為這個機會穿著工作服，看起來像是工作。

在競技場上，只有那些經過漫長而艱苦的訓練，樹立遠大目標並且堅信自己可以實現目標的運動員，才會取得最終的勝利。天賦也許是重要的，更重要的是：堅持不懈地執行。

你是否曾經參加健身訓練？如果是，你就會知道，並非剛開始的幾次重複練習就可以取得成效，而是最後的複習和最終的努力。只有在極限的時候多做一次重複練習，最終才可以取得顯著成績。如果在感覺不適的時候立刻停下來，儘管也可以有所進步，但是一定很微小。關鍵在於：可以超越一些極限，可以更好「一些」。

大多數的人不僅會在體育運動上放棄，還會在工作進展到一定程度而靠近界限的時候放棄前進，回到舒適的「安全區」。最終可以取得成功是這樣的人：有偉大的目標，對目標有堅定的信念，並且堅持不懈地為實現這個目標而艱苦地工作。

在美國，有一對雙胞胎百萬富翁。他們非常成功，很幸福，而且生活很快樂。也許你會說，這有什麼特別的？但是如果你知道，他們的身高不到一公尺，就會覺得有些不同尋常。他們出生不久就被父母遺棄，而且遺憾的是，醫生證實他們是永遠無法長高的侏儒，所以一年之後才找到願意收養他們的人。不幸的是，命運又一次沉重地打擊他們——就在他們被領養之後不久，他們相當年輕的養父母離開人世。

這對雙胞胎年輕的時候就進入房地產行業，儘管外在條件十分不利，他們依然累積一些財富。他們是相當傑出的演說家，他們的口才可以使人們興高采烈，並且可以贏得人們的信任。一九七九年，有一位電視劇的劇組人員聽了他們的演講，留下極其深刻的印象。他發現，他們有能力向聽眾證明進行更深層的思考是必要的，因此邀請他們參加一個很受歡迎的談話節目，後來甚至在電視劇中擔任某個角色。在一個「力量之時」廣播節目中，他們與舒樂博士進行交談。約翰說：「舒樂博士，許多人斷言，格瑞克和我運氣很好。但是在我們看來，『運氣』這個詞語應該改寫成『工作』。我們的成功只是證明一件事情：我們做得越多，我們越幸運。」

在取得成功之前，就算是神，也要先付出勤奮。

要做到比別人更好一些，最重要的是：多貢獻一些。所有我們付出的都會重新得到。

有什麼方法可以降低做出錯誤選擇的機率？

成功是一種選擇，一個決定。

因為我們選擇奮鬥，選擇堅持，選擇成功。**一般人不做這個選擇，不做選擇就是選擇失敗，所以失敗也是一種選擇。**

人生只是許多選擇的過程，從早晨起床要穿什麼衣服出門開始，我們就在選擇；中午要去哪裡吃飯，我們又在選擇……

每個選擇有大有小，但是每日每月所有選擇的累積影響自己人生的結果。

一個選擇對了，又一個選擇對了，不斷做出對的選擇，最後就會產生成功的結果；一個選擇錯了，又一個選擇錯了，不斷做出錯的選擇，最後就會產生失敗的結果。想要擁有成功的人生，就要降低做出錯誤選擇的機率，減少做出錯誤選擇的風險。這樣一來，就要先確定自己想要的結果是什麼，為這個結果而做出所有選擇。確定自己想要的結果是什麼，本身又是一個選擇。

很多人在打麻將的時候，按照麻將的遊戲規則，決定應該打哪張牌，不斷做出各式各樣的選擇。做出正確選擇的人一般是贏錢的人，做出錯誤選擇的人一般是輸錢的人。

有些人希望工作更順利，卻總是在做自己不喜歡的工作，這是他們的選擇，因為他們可以換工作；有些人希望身體更健康，卻總是說自己沒有時間運動，導致身體虛弱，這是他們的選擇，因為他們可以抽出時間來運動；有些人希望家庭更幸福，卻總是忙著跟妻子吵架，這是他們的選擇，因為他們可以控制自己的情緒；有些人希望人際關係更好，卻總是說自己的朋友很少，這是他們的選擇，因為他們可以多交一些朋友；有些人希望賺更多錢，卻總是抱怨收入不夠多，這是他們的選擇，因為他們可以更努力地賺錢……

人生由許多選擇組成，任何結果都是自己的選擇。我們做出一個選擇：要成功還是要失敗？要快樂還是要悲傷？要富裕還是要貧窮？做出選擇以後，我們的人生就會開始改變。

不做選擇可以嗎？其實，你已經選擇平凡無奇的一生，因為你可以選擇光輝燦爛的一生。

早晨起床，需要決定穿什麼衣服。因為我們不能光著屁股出門吧？光著屁股出門，也是我們的選擇。

問什麼問題，可以預測一個人的未來？

我們可以用一個簡單的問題，預測一個人的未來。我們只要問：「你的人生有什麼目標？你計畫如何達成目標？」

如果問一百個人同樣的問題，九十八個人會這樣回答：「我要讓自己過得更好，努力追求成功。」這個答案乍聽之下，似乎言之有理，但是仔細思考，我們就會發現：獲得成功的人，都有明確的目標和確實的計畫；隨波逐流的人，永遠一事無成，只能撿拾成功者的殘羹剩飯。因此，我們必須立刻設定自己的目標，並且規劃達成目標的步驟。

在達拉斯，有一個叫做史都德・奧斯丁・威爾的人。他依靠向一家雜誌社投稿為生，經濟非常拮据。後來，他寫了一個發明家的故事，自己從故事中得到啟示，下定決心改變自己的生活。

他放棄記者的工作，回到學校攻讀法律課程，準備做一位專利律師，認識他的人對於這個決定都感到驚訝。他不想成為一位平凡的專利律師，而是要成為「美國最頂尖的專利律師」。他把計畫付諸行動，依靠這份熱誠，他在破紀錄的時期內，完成法律課程。

開業之後，他刻意接下最棘手的案件，使自己很快揚名全國，案件應接不暇，即使收費高達天文數字，他拒絕的客戶還是比承接的客戶更多。

一個人只要依照目標和計畫行事，就會有很多機會。如果不知道自己想要什麼，不知道自己應該何去何從，別人如何幫助我們追求成功？我們必須有明確的目標，才可以克服所有的挫折和阻礙。

李·馬朗茲是美國各類加盟店的始祖，他知道自己要什麼，也知道應該怎麼做。馬朗茲是一個機械工程師，他發明一種自動的冰淇淋冷卻器，可以製作鬆軟可口的冰淇淋。他希望從美國東岸到西岸開設冰淇淋連鎖店，於是擬定計畫並且付諸行動，最後夢想成真。

他幫助別人達成目標，因而締造自己的成功。他提供機器設備和營運企劃，協助別人開設冰淇淋店，這種做法在當時是一項創舉。他以成本價格賣出冰淇淋製造機，然後從冰淇淋成品的銷售額中獲得利潤。結果呢？馬朗茲冰淇淋連鎖店就像雨後春筍一般，在美國各地紛紛開業。

「如果你對自己、自己正在做的事情、自己想要做的事情深具信心，就沒有無法克服的難題。」馬朗茲說。

如果我們想要成功，就要從今天開始，擬定確實可行的計畫，然後把計畫付諸行動。

我們的未來掌握在自己的手中，現在就可以決定自己將來的成敗。

為什麼有人願意把車子免費送給喬丹？

一般人都是先花錢，所以沒有錢投資，也沒有辦法存錢。**成功人士是先存錢然後再投資，不斷地存錢，最後思考如何花錢，這是我們需要瞭解的非常重要的理財觀念。**

瞭解別人無法瞭解的訊息，掌握別人無法掌握的技能，充實自己的知識，成為某個領域的專家，金錢就會隨之而來。

有人願意把車子免費送給喬丹，為什麼？因為喬丹之前把自己所有的金錢和時間用在籃球訓練上。如果喬丹之前沒有把金錢和時間用在籃球訓練上，現在會成為世界級的籃球選手嗎？

為什麼許多人無法成功，是因為他們不瞭解：有績效之後，必須把賺來的錢拿去投資。

我們每個月的收入有三萬元的時候，要把自己賺到的一〇％的錢用來學習。我們的收入不夠，表示自己瞭解不夠，表示自己學習不夠，表示自己行動的次數不夠。我們收入增加的時候，要把這些收入的一部分進行再次的投資，下次就可以賺更多的錢。就像今天成立一家速食店，自己賺了一些錢，如果這個時候把錢花掉，想要成立第二家速食店的時候，就會缺乏資金，導致無法擴張。

如何才可以迅速擴張？把自己賺到的錢不斷投資出去，學習一些可以幫助自己賺錢的方法。如果我們做的事情無法幫助自己賺錢，我們絕對無法成功致富。

很多人願意花幾千元購物，願意花幾千元唱歌。然而，做這些事情會增加自己的收入嗎？不會。有時候，也許我們需要休閒，也許需要滿足自己的欲望，這些都沒錯，然而世界上最佳的投資，是要投資在自己的頭腦裡。

兩個人最大的差別，是在脖子以上，也就是自己的頭腦。假如我們把金錢和時間花費在脖子以下，然後說自己要快速成長，那是非常困難的事情。

成功人士不是因為比我們聰明，而是因為他們會不斷運用一些方法來幫助自己成長，而且效果非常好、速度非常快。

哈佛大學畢業為什麼還是等於〇？

學習是一輩子的事情，因為現代社會中，一個人的持續競爭力就是他堅持不懈的學習力。在這個終身學習的時代，我們無時無刻不在學習，隨時都有可以學習的契機與素材。

學習的方法非常多，每個人從小到大都在學習，除了學校的書本學習之外，從生活中學習是最好的學習機會。

每天抽出時間讀書。處於快速發展的時代，如果沒有及時補充資訊，就會無法跟上時代的步伐。無論讀書、讀雜誌、讀網路上的資訊，各種不同的學習與自己專業有關的資訊補充都是重要而且必要的。

利用週末時間上課。如果你還是在校學生，就要努力學習書本上的知識，透過自己的專業和領域知識服務社會。如果你已經進入社會，就要經常參加教育訓練機構和企業管理顧問公司等團體組織所舉辦的各種學習性課程和活動。以這種方式教授課程的人，表面上一場演講只有兩個小時的內容，然而這些是他們從過去幾十年豐富的工作經驗整理和淬取出來的智慧精華。在學習活動中，你可以立刻得到自己提出問題的答案，這是互動性最強和效率最高的學習方式。

學習整合資源。很多人無論是讀書還是上課，總是從頭到尾不停地聽寫和記錄，卻沒有想到：教授傳授的知識，跟自己的生活有什麼關係？應該運用在自己工作的哪個層面？可以把哪些重要的觀念和技巧運用在自己的生活和工作上？教授傳授的知識，自己以前怎麼沒有想到？

經常整合自己學到的知識，將這些知識按照自己在工作和生活上的需要，歸納成為幾類不同的資訊（例如：領導類、管理類、時間控制類、生涯規劃類、溝通類、團隊領導類），分別整理成為不同的文件。這樣一來，就可以把學到的知識真正整合運用到自己工作的專業或技巧上。

學習以後要多運用。學問是學了以後要去問，只有學問還不夠，最重要的是：學以致用。

我們把成功人士的精彩分享與自己專業知識整合以後加以運用，才可以讓這些知識真正變成可以活用的知識，發揮最大的效益。

多檢討自己。成功和失敗之間，只是一線之隔。我們運用學到的知識，應該把握機會加以自我檢討——哪些地方還可以改善和加強，如何修正原來沒有做對的地方。這樣一來，就可以調整錯誤的角度，使自己朝著正確方向繼續努力，不會一直在原地踏步。經常不斷地檢討和思考，可以將原來沒有做對的地方加以調整和改進，也可以檢視自己有哪些地方做對了，以便往更好的方向擴展。

與家人和朋友多分享。分享是最好的學習，學到許多知識以後，如果只是自己運用、自己得到、自己發展，只能運用在自己或是自己公司上。知識應該不斷地傳播運用，才可以改善社會。

這是一個依靠學習能力決定高低的知識經濟時代，每個人都有機會可以勝出。無論我們在學校受過多少教育，無論我們貧富貴賤的家庭背景，只要我們可以學習，就有機會獨佔鰲頭，前瞻趨勢。所以，我們必須把自己學到的知識不斷分享，分享知識的速度越快、分享知識的人數越多，我們可以帶給別人的影響就會越大，我們的團隊凝聚力和戰鬥力就會越強。

我們離開學校的時候，不要以為拿著一張學歷就可以找到工作。一個哈佛大學的學生離開學校的時候，他在學校學習的九〇％知識在社會中等於〇，只有一〇％的知識才會引導自己的生存和發展。只有多讀書、多上課、多整合、多運用、多檢討自己，才可以擁有更強的競爭力，永遠立於不敗之地。

學會借用，可以幫助自己更快達到目標

希臘哲學家阿基米德曾經說：「給我一個支點，我就可以撬動地球。」利用槓桿作用，可以減輕我們大部分的負擔，使自己的力量和能力在槓桿作用的驅動下，在成長以外獲得比自己原先想像的還要多的成就。

學會借用別人的知識。如果我們可以在某個時刻運用某個關鍵知識，產生的結果將會非同小可。它可以為我們節省許多金錢和時間，甚至可以節省幾個星期的艱苦勞動。我們要像雷達螢幕一樣，不斷地掃描，搜索書籍、雜誌、文章，利用各種機會以獲得可以用來幫助自己更快實現目標的想法和洞察力。

學會借用別人的能量。高效率的人總是尋找委託的途徑外包低價值的活動，因此他們可以有更多時間去做可以為自己帶來最高收入的事情。

學會借用別人的金錢。借貸和利用別人財務資源的能力，可以使自己獲得不尋常的成就。假如我們必須用自己的資源支付，要獲得這些成就是不可能的。我們應該尋找借用和投資金錢的機會，使自己獲得超過這些金錢代價的回報。

學會借用別人的成功和失敗的經驗。透過研究別人和其他公司已經獲得的成功，可以極大地改善自己獲得結果的品質。

學會借用別人的智慧。我們可以購買智慧或是借用智慧，如果購買智慧，就要在個人金錢和時間上支付全部價格；如果借用智慧，就可以把從別人的失敗中學到的教訓變成自己的資本。

歷史上很多偉大的成就，都是仔細研究相同或是相似領域中別人的失敗，然後從中學習而產生出來。在自己的領域中，可以從自己的老闆和朋友的失敗教訓中吸取經驗。

學會借用別人的想法。一個優秀的想法，就是成功的開始。我們學習越多、討論越多、實驗越多，越有可能產生優秀的想法，把這個想法與自己的能力和資源結合，就可以在自己的領域取得巨大的成功。

學會借用別人的關係或是信譽。我們認識的每個人都認識很多其他的人，其中許多人可以對自己有所幫助。你知道什麼人可以為自己打開大門，或是把自己介紹給適合的人？你知道什麼人可以幫助自己更快達到目標？也許一個關鍵人物的介紹，就可以改變自己生活的方向。

撬動世界的力度，取決於槓桿的長度。想要撬動這個世界嗎？就要先學會把所有可以釋放能量的槓桿全部借來。

埃瑪・蓋茲憑什麼獲得兩百多項專利權？

我們要在心理上做好準備，使自己瞭解，想要成為一個思考方法正確的人，就要具備一種堅定的性格。思考方法正確，有時候會受到某種大量的暫時性懲罰，對於這個事實無須否認，但是由於思考方法正確而獲得的補償性報酬，全部合計起來，將是如此巨大，因此我們願意接受這個懲罰。

埃瑪・蓋茲博士可以把這個世界變成更理想的生活所在，就是依靠創造性的思考。他是美國的教育家、哲學家、心理學家、科學家、發明家，在各種藝術和科學上做出許多發明和發現。他的個人生活證實自己鍛鍊腦力和體力的方法可以培養健康的身體，並且促進心智的靈活。

拿破崙·希爾曾經帶著一封介紹信，前往蓋茲博士的實驗室拜訪。他到達實驗室的時候，蓋茲博士的秘書告訴他：「很抱歉……這個時候，我不能打擾蓋茲博士。」

「要過多久才可以見到他？」希爾問。

「我不知道，恐怕要三個小時。」她回答。

「請你告訴我，為什麼不能打擾他，好嗎？」

她遲疑一下，然後說：「他正在靜坐冥想。」

希爾忍不住笑了：「那是什麼意思啊——靜坐冥想？」

她笑著說：「還是請蓋茲博士自己來解釋吧！我真的不知道要多久，如果你願意等，我們很歡迎。如果你想要改天再來，我可以留意，看看是否有適合時間。」

希爾決定要等，這個決定真是值得，以下是他述說的經過情形：

蓋茲博士終於走進房間的時候，他的秘書為我進行介紹，我開玩笑似的把他秘書說的話告訴他。他看過介紹信以後，高興地說：「你想要看我靜坐冥想的地方，並且瞭解我怎麼做嗎？」於是，他帶我到一個隔音的房間。在這個房間裡，唯一的家具是一張桌子和一把椅子，桌上放著幾本簿子和幾支鉛筆，以及一個可以開關電燈的按鈕。

在談話中，蓋茲博士說自己遇到困難而百思不解的時候，就會走到這個房間，關上房門坐下，熄滅燈光，讓所有心思進入深沉的集中狀態。就這樣，他運用「集中注意力」的方法，要求自己的潛意識給自己一個答案，無論什麼都可以。有時候，靈感似乎遲遲不來；有時候，似乎立刻湧進自己的腦海；有時候，至少要花費兩個小時那麼長的時間才會出現。等到念頭開始澄明清晰，他立刻開燈把它記下。

蓋茲博士曾經研究其他發明家努力以後卻沒有成功的發明，使它們盡善盡美，因而獲得兩百多項專利權。他就是可以加上那些欠缺的部分——另外的一些東西。

蓋茲博士特別安排時間集中精神，以思索尋找另外一些。「另外一些」他很清楚自己要什麼，並且立刻採取行動，因而獲得成功。

由此看來，正確的思考方法具有巨大的威力。怎樣才可以養成正確的思考方法？

拿破崙・希爾告訴我們，首先要培養注意重點的習慣；其次要看清事實，尊重真理，正確評價自己和別人；此外，還要善於投資，具有建設性的思想。

英國著名作家科貝特當年如何學習？

現在許多年輕人總是心存憤懣，整日抱怨命運不公平，抱怨環境對自己造成不利影響。其實，如果他們讀過英國著名作家科貝特當年如何學習的故事，或許就會停止此類抱怨。

科貝特回憶說：「我還是一個每天薪俸只有六便士的士兵的時候，就開始自學語法。專門為軍人提供的臨時床鋪的邊上，成為我學習的地方，背包就是我的書包。一塊木板往膝蓋上一放，就是簡易的書桌。我沒有錢買蠟燭或是燈油，在寒風凜冽的冬夜，除了火堆發出的微弱光線之外，我幾乎沒有任何光源。而且，即使是依靠火堆的亮光看書的機會，也只有在輪到我值班的時候才可以得到。」

「我沒有任何可以自由支配的用來安靜學習的時間，不得不在室友和戰友的高談闊論、粗魯的玩笑、尖利的口哨、大聲的叫罵等各種各樣的聲音中，努力靜下心來讀書寫字。要知道，他們之中至少有一半以上的人沒有思想和教養，極端粗魯野蠻。」

「為了買一枝筆或是一疊紙，我不得不縮衣節食，從牙縫裡省錢，所以我經常處於半饑半飽的狀態。你們可以想像嗎？為了一枝筆和一瓶墨水或是幾張紙，我要付出相當大的代價。每次，揣在我手裡買筆和墨水或紙張的那枚銅幣似乎都有千鈞重。在我當時看來，那是一筆大數目啊！」

「那次，在市場上購買生活必需品以後，我還剩下半個便士。於是，我決定在第二天早上去買一條鯡魚。當天晚上，我餓腸轆轆地上床，肚子咕咕作響，我覺得自己快要餓暈過去。但是，更不幸的事情還在後面。我脫衣服的時候，發現那個寶貴的半個便士竟然不知道在什麼時候不翼而飛！我立刻如五雷轟頂，絕望地把頭埋進發霉的床單和毛毯裡，像孩子那樣傷心地號啕大哭。」

但是，即使是在這樣貧困窘迫的不利環境下，科貝特還是坦然樂觀地面對生活，在逆境中臥薪嘗膽而積蓄力量，堅持不懈地追求卓越和成功。

後來，科貝特終於成為著名的作家。

艱難的環境不僅沒有消磨他的意志，反而成為他不斷前進的動力。

科貝特曾經說：「我在這樣貧苦的現實中，還可以征服艱難並且出人頭地，這個世界上還有哪個年輕人可以為自己的庸庸碌碌和無所作為找到開脫的藉口？」

讀到這裡，我們是否感覺到心頭一震。是的，在逆境中也可以出人頭地，拋開所有的藉口和抱怨吧！

「寶劍鋒從磨礪出，梅花香自苦寒來。」艱難的環境可以毀滅人，也可以造就人。但是，它毀滅的是庸夫，造就的是強者！

科貝特的經歷告訴我們，「逆境」是最嚴厲也是最崇高的老師，它用自己特有的嚴格方式教育出各個領域內最傑出的人物。我們想要獲得深邃的思想，在各自領域內取得巨大成功，就不要害怕苦難和鄙夷不幸，要善於從艱難窮困中摒棄淺薄和汲取力量。

麥當勞憑什麼每三個小時開設一家分店？

一個人之所以沒有成功，是因為他缺乏達成目標的流程系統——一個沒有流程系統的人，表示他沒有辦法複製——擁有流程系統，才有辦法複製。

世界上最大的連鎖店麥當勞，平均每三個小時開設一家分店。全球每個城市都有它複製系統的足跡，它有系統的製作技術和銷售方式。

任何一個成功的人，都有一套系統，所以我們必須建立屬於自己的一套系統。只有將自己工作的速度加快，才可以贏在職場；只有大量複製快速成長經驗，才可以在短時間之內產生變化；只有將工作經驗標準化，才可以成功地複製工作流程系統。

我們將工作內容標準化之後，就要立刻找出一套可以複製的流程——也就是系統化——擁有一個系統以後，每次重複這個系統，製造出來的產品品質都會相同，都是品質優良。

演講有一套演講系統，推銷有一套推銷系統，開發市場有一套開發系統，訓練人才有一套訓練系統。系統越完善，成長越輕鬆。即使我們不是企業家，也應該做事有系統、生活有系統，這樣才有效率。

大量複製流程，產量就會擴大，成長就會快速。所以，在每天完成工作的時候，要做一項工作，那就是：總結並且改善自己的工作流程系統。

應該如何總結並且改善自己的工作流程系統？

讓自己的工作模式化。工作模式是指自己在工作中達成目標的工作方法。完成一項工作，通常方法不止一種，要有意識地總結，以後遇到不同的情況就會應用自如。

讓自己的工作流程化。完成一項工作，迅速透過檢討和反省，寫出這類工作的流程圖表——也就是工作程序。以後遇到類似的工作，沒有必要再去摸索，現在寫出的這個程序和步驟就是自己的工作經驗。

讓自己的工作標準化。完成一項工作，就會知道評估這項工作完成好壞的標準，把這些標準記錄下來。在今後的工作中，還要不斷地完善它，這是使自己升值的最好方法——管理者通常都在做這樣的工作。

我們把這些模式、流程、標準運用得登峰造極的時候，自己的身價就不會與現在一樣。這是一個高速複製的時代，誰的流程系統越科學，誰越有取勝的把握；誰的流程系統越標準，誰就會比競爭對手先到達終點。

使自己不斷進入更高層次的方法

讓自己的才華在人們面前展現出來，會給自己創造更多的機會，如果有機會就不要放過，出人頭地的日子就會隨之而來。

路易士·休特把掌握機會詮釋為「替自己的才華安裝聚光燈」。他認為，人們應該在讓別人看得到的地方工作，並且盡力讓自己的才華在眾人之中突顯出來。休特也指出：「現在這個時代，能人輩出。但是許多人空有才華而無人賞識，就這樣浮浮沉沉地過一生，令人為之惋惜！」

他絕對不甘心被人忽視，於是他將自己安排在容易掌握機會的地方。為了達成自己的人生計畫，首先他在學校裡學習法律，認為以此為業既安全又可靠，也認為作為一位法學家可以有許多機會在眾人面前展現自己的才華。因此，就在這種觀念的支持下，他以十分優異的成績畢業於佛羅里達州立大學。他的所學沒有白費，畢業之後，他立刻進入塔拉赫西市一家法律事務所工作。

關於實務方面，他把積極參與社會活動作為自己的行動方針。沒有多久時間，他就得到青年商會和軍人組織等團體的認同。

如此熱烈參與社會活動的結果，使他獲得第一次發展機會。他在事務所工作不到一年的時間，就被塔拉赫西市的民眾公認為最有才華的年輕有為的法學家，因此在二十四歲被任命為塔拉赫西市的法律顧問。直至今日，在佛羅里達州，他仍然是年紀最輕的法律顧問。這個職位，使他在當地的聲望越來越高，州政府也對他非常器重。三年以後，他被任命為佛羅里達州飲料局局長的時候，第二次發展機會也翩然降臨。此時的他，已經成為全州民眾矚目的對象，但是他不以此滿足，他知道自己仍然有發展的機會，並且深信在周圍的人群中，會有人帶領自己走向事業的另一座高峰。

果然不出其所料，在注意他的人群裡，美國最成功的年輕實業家之一沃弗遜也在其中。這兩個充滿野心的人志同道合，經過介紹認識之後，兩人很快就變成好朋友。

三個月以後，休特非常有自信地告訴沃弗遜：「你恐怕不知道，有一天，我將會成為你們那夥人之中的一份子。」休特想像不到的是，「那一天」竟然這麼快就來臨。三年以後，在休特三十歲那年，他被沃弗遜任命為Merit Chapman和Scott公司的助理總經理。這是一個旁人求之不得的天大機會，是休特六年來不斷讓自己的才華展現在眾人眼前的結果。

在沃弗遜的世界裡，休特的事業快速成長。一年以後，他成為這家公司的副總經理。時隔不久，他又成為經營委員會的成員。現在，他已經是沃弗遜的最佳助手，經營世界排名數一數二的龐大企業。

路易士·休特的成功，證明讓自己的才華成為眾人有目共睹的事實是多麼重要。

如果自己漫不經心，就會失去許多機會。除了捕捉機會，還要展現才華，給自己創造更多的機會，才會使自己不斷進入更高的層次。

如何將出租率一〇%的大樓變為一〇〇%？

遇到問題的時候，先思考問題本身，再探索導致問題的情境。如此一來，就可以想出解決的方法，付諸行動，往往可以反敗為勝。

一九三九年，芝加哥北密西根大道的辦公大樓無人問津，可以租出一半已經算是幸運。那年，芝加哥的房地產業十分不景氣，經常聽到這樣的話：「廣告有什麼用？人們都買不起。」在一片蕭條聲中，有一位房地產經理將自己的想法付諸行動。那位經理接受委託，負責北密西根大道一棟大樓的推銷工作。當時，這棟大樓出租率只有一〇%，一年以後已經全部租出去。成功的秘訣何在？

那位經理說：

我非常清楚自己要什麼——把這棟大樓全部租出去。我知道，以現有的條件，大概要七年以後才可以全部租出去。我認為採取下列措施，有百利而無一害：

（一）尋找有意願的承租人。

（二）讓每個承租人都可以擁有芝加哥市區最豪華的辦公室。

（三）這些豪華辦公室的租金，不會高於他們目前承租的辦公室。

（四）客戶以同樣的租金承租我們的辦公室一年，我負責支付他們目前承租的辦公室租金，直到合約到期為止。

（五）除此之外，由我聘請一流的建築師和設計師，依照每個承租人的需求和品味重新裝潢，並且負擔全部的費用。

我的理由是：

（一）如果辦公室在幾年以內無人承租，我們將會毫無收入。因此，按照我的方式，第一年雖然沒有利潤，結果相差無幾。採用這種方式，如果使承租人感到滿意，將來就可以產生可觀的租金收入。

（二）此外，依照慣例，承租辦公室的合約大多為期一年。承租人的舊合約期限，通常只剩幾個月，沒有太大的風險。

（三）如果承租人在一年合約到期以後遷移，此時辦公大樓已經設備齊全，很容易再租出去。辦公室做的裝潢，可以提高整棟大樓的價值，不會白費。

市場的反應非常好。每個全新裝潢的辦公室，都非常豪華氣派。承租人非常滿意，甚至自願分攤裝潢的費用。

到了年底，原本只有一〇%出租率的辦公大樓，已經全部租出去，所有的承租人都不願意遷離美侖美奐的辦公室。為了回報承租人，第一年合約到期以後，都按照原來的租金續約，並未調漲。

那位經理負責推銷的辦公大樓，在一年以內，從出租率只有一〇%到全部租出去。同樣的地段，仍然有數十棟大樓無人問津。

差別在於這位經理的態度。許多人都說：「有問題？糟了！」但是他卻說：「有問題？好極了！」

如果我們不知道自己要什麼，上帝又拿什麼給我們作為補償？
從問題中找出成功的機會，找出可行的辦法，並且付諸行動，就可以反敗為勝。

第6章

成功人士奉行的人生哲學

積極心態可以幫助自己達成目標

富者越富，貧者越貧。正如《聖經》提到的馬太效應：「因為凡有的，還要加給他，叫他有餘。沒有的，連他所有的，也要奪過來。」

擁有是為了要運用，而不是囤積。無論我們擁有什麼，都要妥善運用，否則就是浪費。無論在任何情況下，都適用「物以類聚」的原則。成功吸引成功，失敗招致失敗。在我們的一生中，成功或失敗的光環像陽光一樣照耀我們，使我們受惠或是受害。我們需要成功，而不要失敗。

怎樣才可以做到？答案很簡單。以積極的心態，創造自己的命運，不要在悲慘與苦難中浮沉。

我們的內心擁有無窮的力量，可以引導自己追求任何人生的目標。這是我們唯一擁有的，完整而且無可匹敵的權利。但是記住，我們必須善用這個權利，否則將會受到嚴厲的懲罰。無論我們擁有什麼——物質上、心理上、精神上，都要妥善運用，否則就會失去。

首先，明確定義自己想要達到的人生目標，然後告訴自己：「我做得到，我現在就可以做得到。」擬定執行的步驟，一次進行一項，就會發現每次成功之後，下一步更容易，因為越來越多的人受到吸引，幫助自己達到最後的目標。

記住，不能停滯不前，必須向成功邁進——否則就會淪為失敗者，成敗都是自己的選擇。

專注目標，任何阻礙都無法使自己動搖

成功和失敗，都是源於自己養成的習慣。有些人做每件事情，都會選定目標，全力以赴；有些人習慣隨波逐流，凡事碰運氣。無論是什麼類型的人，如果養成習慣，就會很難改變。這種情形，我們稱為「慣性」，是宇宙共通的法則。

自然界利用慣性定律，維持宇宙萬物彼此之間的關係，小至原子的排列，大至星球的運行，一年四季、疾病與健康、生和死，形成井然有序的系統。

拿破崙・希爾說：「一粒橡籽可以長成橡樹，松子萌芽長成松樹。大自然從來不會出錯，讓橡籽長成松樹，或是讓松子長成橡樹，這些都是你看得到的事實。但是你是否看得出來，這些不是偶然發生的，有一種力量造就它們！」

專注的習慣不僅可以幫助我們聽和看，還可以讓我們記住聽到和看到的內容。我們經常發

現，僅僅過了兩分鐘，剛才認識的人叫什麼名字，已經想不起來，主要的原因是：我們第一次聽到對方名字的時候，已經心不在焉。

詹姆士・菲利的記憶力過人，只要見過一次，就可以記住對方的名字，一個都不會忘記。他的方法是：請對方把名字拼出來，然後自己複述一次，問對方是否正確。

鋼鐵大王卡內基曾經說：「把所有雞蛋放在一個籃子裡，然後站在旁邊守著，不讓人踢翻籃子。」依靠這種專注的精神，他創立美國鋼鐵公司。

成功人士對於目標十分專注，完全無暇顧及其他事情。他們心無旁騖地做一件事情，直到成功為止，然後設定新的目標，繼續努力。

你是否知道自己想要追求什麼？是否有確實的計畫？接下來，必須專注於這個目標和計畫，下定決心，任何阻礙都無法使自己動搖。

記住，只要不自我設限，就不會有任何限制。突破自我設限，任何事情都無法阻止我們。

第一名的汽車推銷大師演講之前做什麼？

心情愉快的人會微笑或哼唱，甚至吹口哨。專注地思考愉快的事情，讓自己產生向上飛躍的力量，日積月累，愉快會變成一種習慣。

肢體動作可以創造情緒，弱者讓思緒控制行為，強者讓行為控制思緒。

在《世界上最偉大的推銷員》中，有一段關於「肢體創造情緒」的雋永語句：「沮喪的時候，我引吭高歌；悲傷的時候，我開懷大笑；病痛的時候，我加倍工作；不安的時候，我提高嗓音；自卑的時候，我換上新裝……」

這樣做，都是為了讓自己用行為和動作創造良好的情緒狀態。

在工作中，如果我們可以隨時把自己的情緒調整到巔峰狀態，我們的工作效率也會隨之提升。

一些頂尖的銷售高手，都是懂得用肢體語言創造巔峰情緒的楷模。

世界第一名的汽車推銷大師喬·吉拉德在上台演講以前，一定會在後台蹦蹦跳跳，一會兒伸展自己的身體，一會兒高喊「我是最棒的」「我是創造世界的人」的自我激勵口號。

這位推銷大師還沒有上台，已經讓自己的額頭冒汗——他在每次演講之前，情緒已經完全達到巔峰狀態。

喬·吉拉德的做法，值得我們思考。一個人在不同的精神狀態下，對工作表現出來的熱情也會有所不同，這是顯而易見的。暫且不說工作熱情，就是外表給人們的感覺也會大相徑庭。

一個人情緒狀態很差的時候，會怎麼站著？

他的頭會低下，肩膀下垂，胸部塌陷，全身都是有氣無力的樣子。

假設情緒狀態很好，他會怎麼站？

抬頭挺胸，背直腹收，一副精神抖擻的樣子。

記住，想要自己的情緒達到巔峰狀態，就要有良好的肢體動作。如果有時候情緒不好，應該怎麼辦？

每天上班，察覺到自己情緒不好的時候，就要及時調整自己的肢體動作：

深呼吸，抬頭挺胸，甚至可以把頭抬向天空或天花板，讓臉上綻放燦爛的笑容，思考讓自己愉快的事情。

甚至可以手舞足蹈，讓自己興奮起來。

甚至可以發出歡快的聲音。

透過這樣的肢體動作，讓自己立刻走出低落的情緒，讓自己的身心完全進入即將開始的工作的巔峰狀態。

必須擁有自己的「賣點」

在行銷學中，把商品的核心驅動力稱為「賣點」。我們作為一種商品，想要在競爭出售中脫穎而出，也要擁有自己的賣點。

學歷不是我們的賣點，我們有別人也有；技能不是我們的賣點，每個人都在學英語和電腦；經驗不是我們的賣點，這個世界的變化很快，所謂的經驗很快會被創新的方法代替。

寶潔公司的成功，應該歸功於：準確的商品定位。以洗衣粉為例，寶潔公司曾經推出汰漬（Tide）、快樂（Cheer）、波爾德（Bold）、象牙雪（Ivory Snow）、德萊夫特（Dreft）等多種品牌，每個品牌都有自己的獨特賣點：汰漬是「徹底去汙」，快樂是「洗滌並且保護顏色」，波爾德是「使衣物更柔軟」，象牙雪是「快速去汙」，德萊夫特是「適合洗滌嬰兒衣物」……

我們是自己的品牌經理，必須找到自己的獨特賣點，並且表現出來。學歷、技能、經驗，雖然聽起來都不錯，可是這些還不夠獨特。它們通常是每個人必備的敲門磚，沒有什麼大不了。再者，絕大多數人把這些東西當作「賣點」銷售，我們有十足的把握可以勝過他們嗎？

其實，有很多東西可以成為自己的賣點，只是大多數人不知道這些東西可以賣，而且可以賣出高價，例如：學習能力、創新能力、組織領導、人際合作、溝通表達、效率管理……在學歷、技能、經驗不相上下的時候，這些東西就成為自己可以勝出的獨特賣點。

利用一些時間，找出自己的賣點在哪裡。如果有賣點，就要勇敢表現出來，並且不放過任何可以表現自己的機會。如果沒有賣點，就要激發自己的熱情，幫助自己獲得新的競爭優勢。

現在的競爭中，推銷自己比以前更困難，原因很簡單：不是因為環境改變，而是自己應該改變。我們應該找到自己的賣點，然後用最有效的方法表現出來。

競爭激烈是這個時代的事實，很多公司因為無法找到適合人選而讓職位空缺的事實卻在提醒我們：不是沒有機會，而是我們必須告訴對方，究竟可以賣給對方什麼東西？

目標必須切合實際，行動必須積極有效

每個人的一生——即使是最平凡和最普通的人，也不是無所事事，都在為生活和理想而努力奮鬥。

有一位卡車司機，名字叫做拉利·華特斯，他畢生的理想就是飛行。高中畢業以後，他加入空軍，希望自己成為一位飛行員。很不幸，他的視力不及格，因此退伍的時候，只能看著別人駕駛噴氣式戰鬥機從自家的後院飛過，他只能坐在草坪的椅子上，幻想飛行的樂趣。

一天，拉利想到一個方法。他到當地的軍隊剩餘物資商店，買了一桶氦氣和四十五個探測氣象用的氣球。那些不是顏色鮮豔的氣球，而是非常耐用、充滿氣體的時候直徑達四英尺的氣球。

在自家的後院裡，拉利用繩子把氣球繫在草坪的椅子上，他把椅子的另一端綁在汽車的保險桿上，然後開始給氣球充氣。

接下來，他準備三明治和飲料以及一支氣槍，以便在希望降落的時候可以打破一些氣球，使自己緩慢地下降。

完成上述準備工作之後，拉利坐上椅子，割斷繩子。他的計畫是：緩慢地上升，然後降落回到地面上，但是事實不是如此。拉利割斷繩子以後，沒有緩慢地上升，而是像炮彈一般向上衝去。他也不是飛到兩百英尺高，而是一直向上爬升，停在一萬一千英尺的高空！在那樣的高度，他不敢貿然弄破任何一個氣球，以免失去平衡，在半空中突然往下墜落。於是，他停留在空中，飄浮大約十四個小時，完全不知道應該怎樣回到地面上。

後來，拉利飄浮到洛杉磯國際機場。一架飛機的飛行員通知指揮中心，他說自己看見一個傢伙坐在椅子上懸在半空，膝蓋上還放著一支氣槍。

洛杉磯國際機場的位置是在海邊，到了傍晚，海岸的風向就會改變。那個時候，海軍立刻派出一架直升機去救援，但是救援人員無法接近他，因為螺旋槳發出的風力把那個自製的新奇機械吹得越來越遠。最後，他們停留在拉利的上方，垂下一條救生索，把他緩慢地拖上去。

拉利回到地面上的時候，立刻遭到逮捕。他被戴上手銬的時候，一位電視新聞記者問他：「華特斯先生，你為什麼這樣做？」拉利停下來，瞪了那個人一眼，毫不在意地說：「我不能總是無所事事。」

是的，我們不能總是無所事事，必須有追求的目標，積極地採取行動！目標必須切合實際，行動必須積極有效。藉此，我們可以被帶到人生的崇高境界，而不是深陷囹圄。

對別人真誠地感興趣，就會無往而不勝

我們最大的問題是：經常以為自己是被注意的中心。

我們戴一頂新帽子或是穿一件新衣服，總是以為別人都在注意自己。其實，這完全是自己的臆想。別人或許也和我們一樣，以為自己正在受到別人的注意！

專心想到自己，無法增加工作效率或是減少自我感覺，專心想到工作卻可以做到。在許多情形下，最重要的不是自己的工作或是自己要做的事情，而是別人。如果在專心工作之餘，對別人真誠地感興趣，就會無往而不勝。

自我的感覺強烈完全是因為想到自己，克制的方法就是不要想到自己。不要想到自己的方法是：思考一些其他的事情。我們必須尋找一個替代物，找到替代物之後，想到自己的習慣就可以毫不費力地除去。

剛開始的時候，我們或許無法瞭解與自己在一起的人。想到自己無法幫助我們去瞭解他們，想到別人卻可以辦到。

在這個世界上，沒有人比我們更關注自己。

自我的感覺是臆想的一種形式。別人不會如我們想像的那樣關心我們，他們有自己的事情要忙。記住這一點，我們在別人面前就不會感覺不舒服。

養成喜歡和別人親近的習慣，這樣一來，和別人在一起的時候就不會感覺不舒服。別人看見我們喜歡他們，也會感覺非常愉快。

種子與果實，是不能分割的

有一次，某家公司很不誠實，他們把拿破崙・希爾的構想據為己有，採用拿破崙・希爾為他們做的改善設計，卻沒有付錢給他。可是，這件事情反而對他有利。這家公司一位熟悉這件事情的員工，後來自己創辦一家公司，由於拿破崙・希爾之前為自己公司做的設計非常傑出，所以他請拿破崙・希爾和自己合作，所得的報酬是他原來公司可能付出的兩倍。

這樣一來，不僅補償拿破崙・希爾之前為那個不誠實客戶服務遭受的損失，並且得到一些盈餘。

馬歇爾・菲爾德可能是那個時代最傑出的商人，設立於芝加哥的菲爾德百貨公司目前仍然聳立在大街上，象徵他的卓越成績。

有一位顧客在菲爾德百貨公司購買一件昂貴的絲質睡衣，但是並未穿過。兩年以後，她把這件睡衣送給自己的侄女作為結婚禮物。她的侄女把這件睡衣退還給菲爾德百貨公司，用它交換另一件商品，雖然這件睡衣是在兩年以前賣出的，而且款式已經落伍，但是菲爾德百貨公司仍然准許顧客用它交換其他商品。

菲爾德百貨公司不僅是收回這件睡衣，更重要的是，它是毫無怨言地收回這件睡衣。百貨公司沒有義務或是法律責任接受拖延這麼久的退貨，但是也因為如此，才使得這件事情更具有意義。

這件睡衣原來的價錢是五十美元，在兩年以後收回，只能丟到廉價品專櫃中，可以賣多少算多少。但是瞭解人性心理的心理系學生知道，菲爾德百貨公司不僅不會在這件睡衣上有任何損失，反而會因此獲得無法以金錢衡量的好處。

把這件睡衣退回去的那位女孩，心中一定明白，自己沒有要求更換商品的權利。因此，這家百貨公司給她無權利獲得的商品以後，等於爭取到她這位永久性的顧客。但是這件事情的影響不僅如此而已，因為這位女孩宣傳自己在這家百貨公司獲得的「公平待遇」，遠近皆知。

她把這件事情當作自己的談話主題，而且談論幾個星期，使得菲爾德百貨公司從這件事情中獲得最佳的廣告效果。菲爾德百貨公司如果花錢做廣告，可能要花費比這件睡衣多出十倍的價錢，才可以獲得這種效果。

愛默生曾經說：「因與果，手段與目的，種子與果實，是不能分割的。因為『果』已經醞釀在『因』中，目的存在於手段之前，果實被包含在種子中。」

九八%對現實不滿的人，不知道自己想要什麼

你的目標是什麼？你真正想要的是什麼？

九八%對現實不滿的人，不知道自己想要什麼。他們沒有明確的目標，只是隨波逐流。

選定目標不容易，需要經過痛苦的自我考驗。**拿破崙·希爾說：「所有的努力一定要值得。」**

有明確的目標之後：

（一）潛意識開始發揮積極的力量。

（二）知道自己想要什麼，容易找到正確的方向。

（三）工作變得充滿樂趣。願意付出時間和金錢，閱讀和思考並且計畫。經常想到自己的

目標，保持強烈的企圖心。

（四）更可以看出並且掌握有助於達成目標的機會。

《家庭仕女月刊》編輯愛德華．巴克的經驗，可以印證這四個好處。他的目標是創辦一份雜誌，有這個明確的目標，他從別人視而不見的事情中，抓住機會。

他看到一個人打開一包香菸，從裡面掉出一張紙片。他撿起那張紙片，上面印著一位女明星，下方註明照片有一整套，這是其中之一，照片的背面空白。

巴克心想，香菸盒內所附的明星照片，如果在背面加上明星的事蹟，價值一定會大為提高。他向承印那些照片的印刷廠經理提出自己的想法，立刻獲得認同。

那位經理說：「請你撰寫一百則名人事蹟，每則一百字以內，酬勞是十美元。把名單列出來給我，並且加以分類，例如：總統、軍人、明星、作家……」

這是巴克得到的第一份撰稿工作。名人事蹟的撰寫工作應接不暇，他需要助手，因此以每則五美元的酬勞請自己的哥哥代寫。不久之後，巴克雇用五個記者為印刷廠撰寫名人事蹟，自己擔任主編。

愛德華・巴克的人生，起初並非一帆風順，但是他利用周遭環境的資源，發掘內在的許多天分，開創成功的事業。

不把鄰居趕走的生存哲學

我們經常會犯下這樣的錯誤：越是自己擅長的事情，事情發生並且難以處理的時候，往往忘記用它來解決問題。

在美國東部，有一所非常著名的大學，它的名字幾乎為全世界的知識份子所知曉，入學需要平均九十分以上的成績，一門課程的學費相當於普通大學一個月的開銷，學生經常穿著印有校名的T恤在街上行走……

但是這個學校被一些問題嚴重困擾：因為它臨近一個治安很差的貧民區，學校的玻璃經常被頑童打破，學生的車子總是失竊，學生在晚上被搶劫已經不是新聞，女學生甚至遭到強暴。

「我們這麼偉大的學校，怎麼會有如此糟糕的鄰居？」董事會議憤怒地通過：「把那些不文明的鄰居趕走！」方法很簡單——以學校雄厚的財力把貧民區的土地和房屋全部買下，改建為校園。

但是校園變大了，問題不僅沒有解決，反而變得更嚴重，因為那些貧民雖然搬走了，卻只是向外遷移，隔著翠綠的草地，學校又與新貧民區相接，加上校園擴大難以管理，治安變得更差了。

董事會沒辦法，請來當地的警察共謀對策。

「你們與鄰居無法和諧相處的時候，最好的方法不是把鄰居趕走，更不是將自己封閉。應該嘗試去瞭解和溝通，進而影響和教育他們。」警官說。

董事們相顧半晌，啞然失笑。他們發現，身為世界上最著名大學的董事，竟然忘記教育的功能。

他們設立平民補習班，派研究生去貧民區調查採訪，捐贈教育器材給鄰近的學校，並且輔導就業，開闢部分校園作為運動場，提供青少年們使用。

幾年之後，這個學校的環境治安已經徹底改善，臨近的貧民區也進入小康生活。

這件事情說明：只有適應環境，因勢利導，充分發揮積極性，才可以改變環境。如果與環境作對，只會事與願違。如果我們處於一個不好的環境，自己的力量不可能改變這個環境，我們只能適應。在這種情況下，需要調整自己的觀念，不要抱怨，不要灰心，不要自暴自棄，在適應過程中利用自己所長，就會發現或是找到改變環境的方法和途徑。那個時候，我們就可以走向成功。

無論自己在做什麼，都有權利選擇快樂

很多人認為，工作和遊戲是不相關的。工作是責任和使命，遊戲是消遣和娛樂；工作重視結果，遊戲重視過程；工作帶來利益，遊戲帶來快樂；工作是必需的，遊戲是可有可無的。

工作不能剝奪我們的權利，享受它是每個人的權利。雖然目標和責任會帶給我們壓力，可是釋放壓力的途徑也是無處不在。

那些擅長把工作當成遊戲的人，都是可以把困難和壓力轉變成挑戰和機會的人，對生理和心理都是有益而無害。在這些人看來，無論是唱歌跳舞還是打牌飆車，遊戲中蘊藏的鬆弛與平和，可以輕易地化解工作的煩躁。

遊戲很容易使我們投入甚至廢寢忘食，讓自己感到快樂。它也會讓我們鬆弛，對於成敗得失毫不計較。它也是平和的，因為這只是一場遊戲。把工作當成遊戲，心情卻會舒暢許多。在工作中，也許依然存在壓力和煩躁，但是面對它們的態度卻不同。

看淡結果和享受過程的「遊戲心態」，是我們應該擁有的。在快樂的狀態下，才會有更好的工作表現。如果在工作的時候可以加上遊戲的狀態和心情，就會有所謂的快樂促銷、快樂編輯、快樂企劃……

哪個人不希望快樂地實現自己的人生目標？關鍵是看自己怎樣選擇。愁眉苦臉也是做，眉開眼笑也是做。

不喜歡交際應酬嗎？為什麼不把它看成朋友之間的喝酒猜拳？

不喜歡每個月的銷售目標嗎？為什麼不把它看成飆車的時候狂踩油門？

不喜歡和討厭的傢伙合作共事嗎？為什麼不把它看成「找朋友」的忽敵忽友？

反正都要做，快樂一些不是更好嗎？

瞭解這些，是否發現那些拼命在工作和遊戲之間尋找平衡的人是那麼多餘？因為無論自己在做什麼，都有權利選擇快樂。**工作和遊戲的本質一樣，都是為了讓人快樂。**

成功的符咒就是：工作！

如果上帝想要送給我們一個特別的禮物，就會把它包裝在問題中。如果我們的生活中出現一個問題，就表示有一個禮物在等待我們。只有接受問題和尋找原因，並且找到答案的時候，這個禮物才會成為自己的。

幾年以前，在進行一次免疫系統的實驗中，科學家把一些母雞放在對牠們最舒適而且無菌的環境中撫育，最適宜的溫度，最合理的食物，沒有任何困難，沒有任何威脅，沒有任何危險，或是任何緊張情景。

經過幾代之後，他們試圖把這些母雞放回一般環境中，結果是：所有的母雞都很快地死亡。

我們可以從這個實驗中得到什麼啟發？人生是透過反抗得以成長的！也就是說，人類的成長，無法離開問題！

這一切，就像參加減肥訓練一樣。你走進一家減肥中心，手持一個啞鈴上下運動。對你的身體而言，這是一個問題：你的二頭肌裡面的細胞會受到部分的摧毀。這個時候，身體做出的一件事情就是「重複補償」。也就是說，身體已經做好準備，以對付下次細胞的損壞。身體是如何做的？它不僅對被拉壞的肌肉細胞進行修復，而且還會製造幾個肌肉細胞。如果你定期進行體育鍛鍊，不斷提高與適應抗力，就可以取得預期的結果——一個自己夢想的體型！

如果你的潛意識在生理領域不斷地重複補償，也會在心理領域全面產生影響。如果你有問題，就像「精神上的身體構造」一樣——進行訓練，不僅可以解決這個問題，也可以因此而成長。

成功的符咒就是：工作！

這句話聽起來很簡單，彷彿是老調重彈，但是在今天這個時代，卻可以稱得上是革命性的。一個只會「按照章程做事」的人將會經歷：

——有五〇%的人會透過樹立目標並且努力工作超越他。

——有四〇%的人會透過強烈的責任感超越他。

——他在和剩下的一〇%的人爭搶剩下的有限空間。

想要獲得成功，就要艱苦地工作。如果我們不準備比以前更艱苦地工作，絕對不會在自己的人生道路上有絲毫的進步。

選擇一個厲害的人作為假想敵，然後超越他

我們說的每句話以及說話的方式，都是非常重要的。別人由我們的言談舉止和用字遣詞，以及表達理念和思想的方式來判斷我們。如果我們想要獲得成功，就要隨時注意別人如何評判我們，以及我們如何看待自己。

有一位優秀的業務員，在汽車後座放著一套昂貴的高爾夫球具。他從來沒有在高爾夫球場上打過一次球，但是這套昂貴的球具讓他獲得傲人的業績。

有時間打高爾夫球，不必明說，已經給人們一種成功的印象。有人約他打球的時候，他總是吹噓自己的球技很好，但是他從來不讓自己進入球場，否則早就被拆穿了。

人類的自我意識非常微妙，根據每個人的性情和以往的經驗，我們會產生各種不同的影

響。

一個保險業務員每天都會戴著一個戒指，那是他與客戶洽談和招攬業務的幸運符，他的業績是全公司最好的。不久之前，他把戒指送回珠寶公司重新鑲過，需要幾天的時間。這段時間，他比平時更努力工作，卻徒勞無功。他說，只要自己開始向客戶介紹產品，就會不自覺地看著手指，內心似乎有一個聲音在說：「他不會簽，他不會簽。」

事實證明，那個微弱的聲音說對了，他沒有簽成任何保單。等到他拿回戒指，當天約了六個客戶，簽成六張保單！

有一個方法非常有效：選擇一個厲害的人作為假想敵，努力和他一樣成功，甚至超越他。以那個人作為標準，衡量自己的成就。如果你的婚姻幸福和諧，伴侶可以刺激你的自我，產生促使你成功的力量，效果會超乎你的想像。

同事之間相互的支持與密切的合作，對你的自我是很大的鼓勵，但是必須確定別人願意提拔你，而不是壓制你。

你的自我需要經常的刺激，運用所有技巧激勵自己。如果需要使用道具，就去買一個。只要不會傷害到任何人，對自己有幫助，就是最好的方法。

如果你肯定自己，每個人都可以感覺到。

一第7章一

我們可以主導自己的命運

想要成功，千萬不能告訴自己的一句話

小事有多麼重要？小事就是一切。

大事也是由小事開始做起，所以要重視每件事情的細節。很多時候，失敗都是因為小事，小事最不被人們重視，所以有那麼多人失敗。

例如：接電話的態度可能是小事，但是顧客可能會因為接電話的人態度不好而拒絕與我們做生意。

貨物的包裝可能是小事，但是外表的破損會失去顧客的信任。

郵寄的時間可能是小事，但是顧客可能會責怪我們不準時而退貨。

我們不能總是找藉口：「貨物正在路上，過幾天就會送到」「包裝是工人沒有注意才會破損」「負責接電話的人正好不在，那是別人接的」。別人不想聽這些理由，別人只是想要確定我們會負責，別人只是希望我們可以達成事情的結果，別人只是永遠要求完美。

出門之前，領帶沒有打好，不表示自己是一個失敗者，但是很多人都會這樣認為，而且許多的負面印象會降低別人對自己的評分。

大多數人都會輕視小事，因為他們不瞭解大事是由小事組成——做小事就是在做大事。那些身邊所謂的「小事」，往往會成為一個人塑造人格和累積信用的關鍵。一些貪小便宜的行為，只會把自己塑造一個貪圖小利的形象，最終會因小失大。

在家庭成員之間的關係中，小事就是大事。在建立信任和培養感情方面，這種小事產生的作用很大，例如：帶孩子們去買對他們來說很重要的東西。

天下沒有什麼大事可以做，只有小事，許多小事累積起來就會變成大事。

播下一種思想，收穫一種觀念；播下一種觀念，收穫一種行為；播下一種行為，收穫一種習慣；播下一種習慣，收穫一種命運。習慣決定命運，命運來自於細節。人生無小事，事事在認真。

成功者之所以成功，就是因為把每件小事做到最好。

想要成功，就不能告訴自己：「有一天，我要做成一件大事……」今天就要把每件小事做好，而且每天都一樣。

為什麼他律性的人多，自律性的人少？

世界上有兩種人：一種人過著他律性的生活，需要別人監督以及用規律來約束自己，否則不知道要做什麼事情。另一種人過著自律性的生活，不需要別人監督以及用規律來約束自己，就會知道要做什麼事情。

這個世界上，第一種人比較多，還是第二種人比較多？成功人士是自律性的人，還是他律性的人？

運動員每天訓練很辛苦，所以疲倦的時候不願意訓練，但是不斷地堅持訓練是不是成功的關鍵？肯定是。

世界級的運動員不需要教練的監督，他們懂得自我訓練。所謂自我訓練，就是自己不願意做某些事情，但是做這些事情會獲得成功，所以規定自己一定要做這些事情。

推銷員應該盡量拜訪顧客，可是害怕被拒絕，於是不去拜訪，就應該告訴自己：「只有盡量拜訪顧客才會成功，顧客一定會購買，我現在就要行動！」

不敢與別人交談，可是必須和別人交往，以增進人際關係，就應該告訴自己：「我是最棒的，每個人都喜歡我，我相信我自己！」然後，立刻與別人交談。

賺錢的時候應該存錢，但是有花錢的欲望，就應該告訴自己：「一定要存錢，存錢才是最重要的事情。」

早上不願意起床，但是為了培養早起的習慣，就應該告訴自己：「如果不起床，我就是一個失敗者。我要失敗了，我要失敗了！」然後，立刻跳下床。

成功人士都是會自我訓練的人，而且對自己非常嚴格。失敗者不僅不會自我訓練，不願意自我訓練，每天還會放鬆自己，如果別人用規律來約束他，也不願意接受別人的約束。

過著自律性的生活，嚴格的自我訓練，學習成功者的習慣，把每件事情做到最好，才會有成功的機會。

達文西用來激勵自己的一句話

成功不假於人，雖然每個人都有成功的條件，卻不是每個人都有機會品嘗勝利的果實。

其實，成功與失敗的分水嶺，在於自己是否有成功的願望。只有想要成功的人，才會勇於接受任何考驗，不會隨便放棄希望。

我成功，因為志在成功，我未嘗躊躇。

成功不是依靠偶然的機會賜予，也不是依靠命中註定的貴人相助，而是知道自己想要什麼，知道如何達成這個願望而採取行動，然後指導自己往成功的目標勇往直前。

可是，不能只有遠大的目標，應該隨時鞭策自己，不能恃才而驕，或是以為無傷大雅而隨便應付，如此一來，成功仍然是可望而不可即。

義大利歷史上傑出的藝術家達文西，出生在一個律師家庭。他十七歲的時候，進入著名畫家和雕塑家委羅基奧的畫室學畫。

委羅基奧是一個嚴謹勤奮的藝術家，也是用這種態度來要求學生。第一次上課是學畫蛋，接下來幾天都是一樣。

畫了幾天之後，達文西認為自己畫蛋的技巧已經很成熟，顯得有些不耐煩，一直無法理解老師的用意。

看到達文西的不悅表情，老師立刻瞧出他的心思，然後告訴他：「不要以為畫蛋很容易，要是這樣想就錯了。即使是同一個蛋，如果變換一個角度去看，形狀就會變得完全不同。所以，想要在畫布上準確畫好它，絕對要下一番苦功……」

老師嚴格的指導，使得達文西養成嚴肅認真的觀念，每天不斷地勤奮練習，在筆記本上畫滿素描，從此不敢輕忽任何的步驟。

「即使又簡單又好，還是要做得更好。」後來，達文西寫下這句話來激勵自己，讓自己取得日後代表歐洲文藝復興時期的最高藝術成就。

要做就做得更好，小事是一件非常容易的事情，我們不應該心存輕視的態度，而是要用心做好，才不會因小失大。想要到達最高處，就要從最低處開始。小事雖然事小，卻是成就大事的關鍵。

管理自己的一種好方法

有一個人做了一個夢，夢中有一位老人帶他到一個地方參觀。

他走進一間屋子，裡面有一張桌子，桌上擺滿令人垂涎欲滴的美味佳餚，但是桌子兩邊的人愁容滿面，顯出十分痛苦的樣子。他仔細一看，發現原來是因為這些人的手臂都是僵直的，手肘不能彎曲。所以，雖然他們的手中都有一個叉子，叉住桌上的美食，卻怎麼也送不到自己的口中，只能對著滿桌的佳餚唉聲嘆氣。

這個人問老人是怎麼回事？老人回答：「這裡是地獄，所有人因為受到詛咒，所以手臂都是僵直的，只能看著滿桌的美食挨餓。」

接著，老人帶他到另一間屋子。還沒有進門，他就聽到一陣歡歌笑語。走進屋子，他發現這裡也有一張擺滿美味佳餚的桌子，桌子兩邊的人手臂也是僵直的，但是他們吃得興高采烈，原來他們因為手肘不能彎曲，所以夾到美食之後就送到對面的人口中，彼此互相協助，吃得非常盡興。

帶他來的老人說：「這裡就是天堂。」

作為一個社會人，我們無法脫離別人而孤立存在，只有融合到群體中，才有可能產生排山倒海的巨大力量。在群體之中，最需要的一種精神，就是彼此之間的團結合作精神。

任何一項事業，都要由團隊去完成，只依靠某個人的力量，根本無法取得成功。一個具有合作精神的團隊和一個如同一盤散沙的團隊相比，更有凝聚力和競爭力。

就像愛情和友情一樣，合作也是一種必須付出才可以得到的東西，為了實現共同的美好目標，我們需要別人的合作，別人也需要我們的合作。試想一下，一個缺乏合作精神的團隊，會有怎樣的結局？

不顧大局，只顧自己的行為，是狹隘和自私的表現，這是一種極為有害的內耗，不僅分裂和瓦解團隊的力量，甚至可能導致團隊的崩潰或是滅亡。

有一個村莊，裡面住著十幾戶人家，但是他們之間的關係不融洽，經常為一些雞毛蒜皮的事情而大動干戈。

有一天，一位裝束奇特的人來到這個村莊，自稱是法師。他說：「我有一顆神奇的石頭，把它放入煮開的水中，水就會立刻變成美味的湯，我可以當場做給你們看。」

所有人都想要見識這顆神奇的石頭，於是立刻有人搬來爐子，有人拿來木柴，有人取來鍋子，有人提來井水，就在空地上開始煮起來。

等到水煮開了，陌生人小心地將一顆石頭放進水中，然後用湯匙嘗一下，很興奮地說：「味道太棒了！但是如果加一些鹽，就會更好。」於是，有人立刻把鹽取來。陌生人又嘗一下：「太美味了，再放一些蔥，就會更香了。」有人立刻把蔥取來。「要是再放一些肉片，絕對是世界上最好喝的湯。」陌生人又提出建議。

就這樣，有人拿來蔬菜，有人拿來醬油，還有其他調味料，他們圍著鍋子開始享用的時候，發現這是世界上最好喝的湯。

把自己放到團隊中，是管理自己的一種好方法。

善於做一個好消息的傳播者

在美國，有一位農場主人，由於自己的勤奮與智慧，使得自己的農作物每年都獲得當地農會競賽的最高榮譽——藍帶獎。得獎以後，他也會將自己獲獎的農作物分送給鄰居們。

所有人都覺得奇怪，難道他不怕鄰居們獲得這些農作物，在下次的比賽中勝過自己？他解開眾人的疑問，笑著回答：

「我無法避免因為風吹而使鄰居們的花粉飄到我的農田。如果我不將好種子分給每個鄰居，飄過來的花粉不好，就會使我的農田無法產出好品種。只有在我周圍的品種都是好的，才可以保證我的農田產出最好的品種。我在得獎之後，不會因此鬆懈偷懶，坐享其成，仍然繼續努力研究改良，因此可以連續不斷地獲得最高榮譽，因為別人趕上我去年程度的時候，我已經又往前邁出一步，所以我從來不擔心別人超越自己。相反地，如果有人超越我，可以帶給我精益求精的動力，讓我追求更大的進步空間。」

他如此自信的解釋，表示他是真正有智慧的人，是實至名歸的冠軍。我們周圍有許多人，經常敝帚自珍，吝於分享，害怕別人知道自己的成功方法，然後超越自己。如此一來，不僅傷害彼此之間的人際關係，也造成孤僻小氣的形象，更重要的是：失去自己繼續成長進步的環境與動力。

善於做一個好消息的傳播者，每天都要把自己的好消息告訴別人，讓他們一起分享工作中的快樂和振奮。

事實上，每個人都喜歡聽到好消息，所以如果我們有什麼好消息，只要和同事有關係，就要立刻告訴他們，例如：成本降低、利潤上升、目標達成……這樣一來，會使自己的名字經常掛在同事的嘴上，也會給他們帶來一些好處。

我們秉持分享快樂的原則與同事交流和溝通的時候，就可以擁有更多的快樂和喜悅。因為，除了喜歡搬弄是非的人以外，沒有人願意聽我們嘮叨自己的煩惱。

一位醫藥諮詢專家經常把一句話掛在嘴上：「關於病情，沒有什麼壞消息。要讓病人自己判斷是好是壞。」對於工作情況，我們也應該如此。

在工作和生活中，如果有一個讓自己痛苦的壞消息，怎麼辦？如果你要說的確實是一個壞消息，還是換一個角度說出來吧——除了做一個好消息的傳播者之外，還要做一個壞消息的封鎖者。在公司裡，可能會有許多關於老闆、主管、同事或是自己的傳言，不要理會和在意，按照自己的步調過生活。

除了勇於分享和傳播好消息以外，還要懂得分享別人的快樂——分享和愛情一樣，也是雙向的。「三人行，必有我師焉」，找機會向主管或是同事請教。和每個同事保持聯絡，增加從他們身上獲得「情報」的機會。同時，結交一些會批評的朋友，學習接受建設性的批評，忽略瑣碎的批評。

對於同事和朋友的成績，不要吝惜自己的掌聲。我們的掌聲在給予別人的同時，其實也是給予自己。因為，我們蹺起大拇指的時候，只有一個手指對著別人，四個手指對著自己。

富蘭克林如何改掉不足掛齒的缺點？

有一天，富蘭克林突然察覺到自己經常失去朋友，此時開始注意到原因在於自己過於爭強好勝，所以無法和朋友保持良好關係。大概是在過年以前，年度計畫大致擬定以後，他列出一張清單，把自己個性上的缺點全部列出來，並且從最嚴重的缺點開始，直到不足掛齒的缺點為止，重新依次排列，下定決心要全部改掉。

他徹底改掉一個缺點的時候，就在清單上把那個缺點劃去，直到全部改掉為止。結果，他變成美國最得人心的人物之一，受到人們的尊敬和愛戴。殖民地十三個州需要法國援助的時候，他們派富蘭克林前往，法國人對他的印象奇佳，他果然也不負使命。

時下看到的有關「個性塑造」的著作中，幾乎都會引述富蘭克林的例子，而且被公認為是個性塑造最成功的例子之一。

反過來說，假如他的選擇是依然故我，不對自己的個性加以檢討；假如他也像其他人一樣，放任自己的個性；假如他仍然不改爭強好勝的缺點……他絕對不可能成功爭取到法國的援助，美國的歷史也會改寫。一個人的性格，竟然可以影響一個國家的命運。可是，還有很多人經常說：「我可以怎麼辦？」其實，你怎麼知道自己辦不到？你怎麼知道即使經過幾年的努力自己仍然無法有所收穫？**林肯曾經說：「我要準備好自己，以待時機來臨。」**他真的等到那一天，因為他相信：耕耘一定會有收穫。

只要有一個性格乖張的人，就可以毀滅一個家庭，使家人深以為苦。但是同樣的這個人，只要運用天賦的威力——做選擇的能力，仍然可以給自己的家人帶來美好的感受。假如每個人可以使自己的家庭生活成為一種心情歡暢的樂事，這個世界很快就會大為改觀。

我們在一生中，都會遇到親人和朋友去世的事情。但是有些人在失去親人和朋友之後，往往感到不知所措，覺得生命沒有任何意義，他們會問：「現在還有什麼值得讓我活下去？」於是，就有許多人如行屍走肉一樣地度過餘生。他們對於自己擁有的「選擇能力」全然不知，甘願讓往後的生活成為自己的負擔。我們無法苛責這些人，因為他們遭受重大打擊。打擊來得突然，事前又無任何徵兆，他們無法理解為什麼會發生這種事情。有時候，確實不容易為這類突然事故找到答案，但是無論我們是否可以找到答案，更重要的是：如何安排往後的生活。

如何利用別人的批評？

紐約電話公司的總經理麥卡羅，因為小時候被人開過一個很大的玩笑，最後才醒悟過來。那個時候，他是一個幼稚的孩子，他那種非常容易受到欺騙的形象幾乎遠近馳名。他只知道依賴別人，而且絕對地依賴，所以從來不會自己思考。那個時候，他在火車站的車道上做各種零碎的工作。

一個大熱天的下午，位於山岩與河流之間的西岸車站熱得像鍋爐一樣。有一個名叫比爾·柯林斯的工頭，叫麥卡羅去拿一些「紅油」以備紅燈之用。他說「紅油」是在距離那裡一英里的圓房子裡，麥卡羅聽了工頭的話，就朝著那個方向走去，以便完成自己的任務。到了圓房子裡，他向那裡的人要「紅油」。

「『紅油』？」那裡的人感到很奇怪，「做什麼用的？」

「點燈用的。」麥卡羅回答。

「啊，我知道了。」那個員工心中明白了，「『紅油』是在過去那個圓房子的油池裡。」他認真地說。

於是，麥卡羅又在滾燙的焦煤渣上走了一英里。那裡的人告訴他，「紅油」不是在那裡，而且不知道究竟是在哪裡，可以去站長的辦公室詢問。

在火熱的太陽下，麥卡羅就這樣走來走去。最後，他非常著急，詢問一個年老的工程師。這個工程師憐憫地望著他，並且說：「孩子啊！你不知道紅光是紅色玻璃映射出來嗎？你現在回去工頭那裡，和他理論吧！」

那個工頭不知道自己是和將來的紐約電話公司的總經理開玩笑，也不知道這個孩子將來有六萬多個員工。麥卡羅得到這次教訓以後，發誓以後絕對不像呆子般被人玩弄。他決定以後做事的時候要打開眼睛和耳朵，而且腦袋也不再只是用來戴帽子。

麥卡羅得到一個很重要的教訓——不可以太相信別人，但是他沒有陷入另一個極端——對每個人都猜疑，這也是被批評的人容易陷入的另一個陷阱。

那些批評我們的人，無論其動機是多麼惡劣，我們也不要產生猜忌心理，認為每個人都是自己的敵人，這是相當危險的。成功人士的敵人比一般人更多，但是敵人的數目多少無關緊要，因為他們經常可以利用敵人的攻擊來更好地瞭解自己。

利用別人的批評來認識自己的行為，看出自己究竟是對還是錯——如果是錯的，就立刻修正；如果是對的，就不必感覺不安。

拿破崙·希爾認為，別人批評自己的時候，不要養成一種感覺自己受到逼迫的習慣。無論如何，如果別人可以打破我們的過度自信，使我們獲得改進，就是在幫助我們。

必須明白個人習慣的力量是如何強大

一個想要成功的人，必須明白個人習慣的力量是如何強大。好習慣可以讓我們立於不敗之地，壞習慣會把我們從成功的神壇上拉下來。拿破崙・希爾認為，保羅・蓋蒂深諳此道。

有一個時期，美國第一富豪蓋蒂的香菸抽得很凶。有一次，他度假開車經過法國，那天正好下著大雨，地面特別泥濘，開了幾個小時的車之後，他在一個城鎮的旅館裡過夜。吃過晚飯，他回到自己的房間，很快就入睡了。

蓋蒂凌晨兩點醒來，想要抽一支菸。打開燈，他伸手去找自己睡前放在桌上的那包菸，發現是空的。他下了床，搜尋衣服口袋，結果毫無所獲。

他又搜索自己的行李，希望在其中一個箱子裡，可以發現自己無意中留下的一包菸，結果又失望了。他知道旅館的酒吧和餐廳已經關門了，心想，這個時候要是把不耐煩的門房叫過來，結局真是不堪設想。他唯一可以得到香菸的方法是：穿上衣服，走到車站，但是車站至少在六條街之外。

情況看來不樂觀。外面仍然下著雨，他的汽車停在距離旅館還有一段距離的車庫裡，而且別人已經提醒他，車庫是在午夜關門，第二天早上六點才會開門，可以叫到計程車的機會也是幾乎等於零。

顯然，如果他真的這樣迫切地想要抽菸，只能在雨中走到車站。但是想要抽菸的欲望不斷侵蝕他，並且越來越濃厚。於是，他脫下睡衣，開始穿上外衣。他把衣服穿好，伸手去拿雨衣。這個時候，他突然停住了，開始大笑，他在笑自己。他突然體會到，自己的行為多麼不合邏輯，甚至荒謬。

蓋蒂站在那裡沉思，一個所謂的知識份子，一個所謂的商人，一個自認為有足夠理智對別人下命令的人，竟然要在三更半夜，離開舒適的旅館，冒著大雨走過幾條街，只是為了得到一支菸。

蓋蒂第一次注意到這個問題，他已經養成一個無法自拔的習慣，願意犧牲自己的舒適，去滿足這個習慣。這個習慣沒有任何好處，他突然明確地注意到這一點，頭腦很快清醒過來，然後立刻做出決定。

他下定決心，把那個仍然放在桌上的菸盒揉成一團，丟進垃圾桶裡，然後脫下外衣，穿上睡衣回到床上，帶著一種解脫甚至是勝利的感覺，關上燈，閉上眼，聽著落在門窗上的雨滴。幾分鐘之內，他進入一個深沉而滿足的睡眠中。自從那天晚上以後，他再也沒有抽過一支菸，也沒有抽菸的欲望。

蓋蒂說，自己不是利用這件事情指責香菸或是抽菸的人。經常回憶這件事情，只是為了表示，以自己的情形來說，自己被一種壞習慣控制，已經到達不可救藥的程度，幾乎成為它的俘虜！

經常做一件事情就會成為習慣，習慣的力量確實非常巨大。但是我們也有一種緩衝能力，既然有能力養成習慣，也有能力去除習慣！

例如：一個人的樂觀和熱忱，對自己有很大的幫助。它可以使工作進行順利，也可以激勵和鼓舞同事和下屬。但是習慣性的樂觀和熱忱，往往會造成危險，甚至不堪設想的過度樂觀和熱忱。

很多人說：「養成好習慣很困難，陷入壞習慣很容易！」但是並非一定如此，主要還是看自己的毅力。事實上，習慣就是習慣，沒有合理的推論可以說明養成好習慣比養成壞習慣更困難。

一個人不是養成準時的好習慣，就是養成遲到的壞習慣。

別人請我們吃飯，如果我們遲到，會造成對方的不便。如此一來，我們就會變得不受歡迎，以後別人就不會請我們吃飯。

一個有準時習慣的人，會從這個習慣中得到好處——無論是赴約還是付款，或是實現任何方面的諾言。

想要得到的更多，就要付出的更多

在宇宙中，有一種偉大的定律，叫做「付出定律」。它告訴我們，只要有付出，就會有收穫；收穫不夠，表示付出不夠；想要得到的更多，就要付出的更多。

不瞭解「付出定律」的人非常多，他們總是想要得到什麼，卻總是無法得到，因為他們從來不想付出什麼。

我們一直不斷地付出，並且不計較回報的時候，就會發現：很多收穫是自然得來的。

只要我們可以先付出，並且不斷付出，讓別人得到自己想要的，他們就會讓我們得到自己想要的。

付出與收穫永遠是成正比，付出越多，收穫越多。

但是有時候我們會發現，付出與收穫不成正比。也就是說，我們付出很多，但是收穫很少。此時，千萬不要停止付出。因為可能有一天，我們會付出很少，但是收穫很多。時間會證明我們的付出沒有白費，不幸的是：九九%的人都在這個時候停止付出。

我們必須知道別人想要什麼，並且幫助他們得到自己想要的。

如果你是推銷員，先對顧客付出，你的工作不是賺錢，而是為每個顧客付出。

如果你是領導者，先對下屬付出，幫助他們得到自己想要的，最後你也可以得到自己想要的。

如果你是父母，先對孩子付出；如果你是老師，先對學生付出。

無論我們以什麼方式付出，我們的工作就是為了付出而付出，而不是為了獲得而獲得。

成功是自己願意拿什麼來換取什麼的問題，而不是自己單方面的獲得。

你知道為什麼花園裡可以盛開花朵嗎？因為花粉不斷地傳播。你知道花粉為什麼可以傳播嗎？因為蜜蜂在採花蜜，蜜蜂傳播花粉。花朵因為付出花粉給蜜蜂，才可以獲得生命的延續，宇宙的法則告訴我們這個道理。

只要我們不斷地付出，就會發現：自己的生活越來越富有、越來越成功。

我們付出的總是比自己獲得的更多，例如：老闆一個月給你三萬元，如果你只做三萬元的事情，一定無法獲得成功，必須做超過三萬元以上的事情。如果你做價值五萬元的事情，應該獲得加薪，這就是成功的秘訣。

顧客向我們購買五千元的產品，我們提供顧客一萬元的服務，就有機會賣得更多。如果我們再次付出，如此循環下去，就可以進入良性循環。

記住，不是因為獲得才付出，而是因為付出才獲得。

我們的目標距離現實有多遠？

做出決定之前，不妨先問自己：我們的目標距離現實有多遠，是否具有實際可操作性？

貝爾納是法國著名的作家，一生創作大量的小說和劇本，在法國影劇史上有特別的地位。有一次，法國一家報紙進行有獎智力競賽，其中有一個題目：如果法國最大的博物館羅浮宮失火，當時的情況只可以讓我們搶救一幅畫，我們應該搶救哪幅畫？

結果，在收到的成千上萬的回答中，貝爾納以最佳答案獲得這個題目的獎金。他的回答是：搶救距離出口最近的那幅畫。

是的，成功的最佳目標不是最有價值的那個，而是最有可能實現的那個。

羅浮宮有很多價值連城的珍貴名畫，搶救其中最值錢或是最有藝術性的畫作是最理想的。

但是我們反過來思考，最好的畫作是否也有最好的保護措施？而且在當時的情況下，如果我們貿然衝到博物館裡面，可能來不及打開畫作的外層保護，就會和博物館一起化為灰燼，最後只是落得人畫兩空！在距離出口最近的地方，可以順利地搶救這幅畫，也可以保護自己的生命——儘管這幅畫可能不是羅浮宮最好的。

在英國的西敏寺，有一位主教的墓誌銘吸引所有來憑弔懷古的人：

我年輕的時候，意氣風發，躊躇滿志，想要改變全世界。但是我年事漸長，閱歷增多，發現自己無力改變世界，於是縮小範圍，決定先改變自己的國家。這個目標還是太大了。然後，我步入中年，無奈之餘，試圖改變的對象鎖定在最親密的家人身上。但是天不從人願，他們還是維持原樣。我垂垂老矣的時候，終於頓悟一些事情：我應該先改變自己，用以身作則的方式影響家人。

選擇人生的目標，不能憑空出發，任意而為，必須符合實際，具有一定的可操作性。我們的一生雖然漫長，但是緊要關頭處往往只有幾步。因此，我們要學會結合長遠目標與階段實施，結合美好理想與現實情況，用「實際的理想」代替「不可能的夢想」。因為，從某種意義上說，誰可以把握最有可能實現的目標，誰就可以掌握命運，獲得通往成功之門的鑰匙。

最佳解決方案也有需要考慮的問題

有一隻螃蟹住在河邊，沒事的時候喜歡在洞口看著天空。最近幾天經常下雨，每天下雨以後，牠總是可以看見天邊有一道彩虹。

第一次看到彩虹的時候，螃蟹非常驚奇，牠覺得太美麗了。

第二次看到彩虹的時候，螃蟹想要擁有一道彩虹，逐漸看多了，牠認為是自己對彩虹的喜歡感動上天，所以每天彩虹都會出來陪自己。

螃蟹把自己得意的想法告訴小蝦，小蝦不相信螃蟹的說法，因為牠從來沒有看過彩虹。螃蟹認為小蝦不相信，就叫牠一起去看彩虹，為了表示自己的說法正確，螃蟹又請魚兒作證。最後，螃蟹決定找一個晴朗的日子，和小蝦一起去看彩虹。

這天風和日麗，螃蟹和魚兒與小蝦一起在洞口等待彩虹出現，可是太陽快要下山了，彩虹還是沒有出現。焦急的小蝦有些不耐煩，可是螃蟹卻安慰牠：「我以前每天都可以看到，你放心吧，彩虹一定會出現，可能今天時間還沒有到！」

可是直到最後，彩虹仍然沒有出現，牠們只好失望而歸。

彩虹總是出現在風雨過後，螃蟹似乎不明白這個道理，覺得彩虹會一直出現在天邊。在工作中，有些人經常和螃蟹一樣，不知道事情由來就得出結論，而且很有信心地堅持自己的看法，這樣的思維定式會帶來一些問題。

換一個角度，工作之中自有一片天。同事和老闆的建議也許是正確的，不要讓自己受到執著的困惑。上班時間，必須學會隨時變化個人視角，才可以真正瞭解工作的真相，欣賞和認同別人。

在工作中，要培養設身處地的「換位思考」的習慣。也許你認為自己的解決方案是最好的，但是你曾經考慮以下的問題嗎？

例如：公司的政策和資金對於這個方案的圓滿達成有困難嗎？

例如：如果採用這個方案，客戶會認同嗎？

有時候，我們站在公司和客戶的角度考慮問題的時候，才會發現自己的解決方案並非盡如人意；有時候，我們站在公司和客戶的角度考慮問題的時候，才會發現自己的解決方案不夠客觀和全面。

我們在工作中遇到困難的時候，自己的解決方案無法得到別人的認同和理解的時候，就要靜下心來，考慮是不是自己的解決方案出現問題。

把員工、公司、客戶、合作者、社會利益結合起來並且加以考慮，才是一個最佳的解決方案。

那些成功者，都是做最好的自己

戴爾・泰勒是美國西雅圖一所著名教堂裡德高望重的牧師。有一天，他向教會學校的一個班級宣布：誰可以背出《聖經・馬太福音》第五章到第七章的全部內容，就邀請他去西雅圖「太空針」高塔餐廳參加免費聚餐——那是許多孩子做夢想要去的地方。但是《聖經・馬太福音》第五章到第七章有幾萬字的篇幅，而且不押韻，要背誦全文有相當大的難度。

可是過了幾天，一個十一歲的學生胸有成竹地坐到泰勒牧師面前，從頭到尾，一字不漏地把原文背出，沒有任何差錯，而且最後竟然成為聲情並茂的朗誦，泰勒牧師驚訝地張大嘴巴。對於一個《聖經》信徒來說，背誦全文並非一件輕而易舉的事情，更何況是一個孩子！

牧師驚嘆這個孩子擁有驚人的記憶力，並且好奇地問：「你是如何背下這麼長的文字？」

這個孩子不假思索地回答：「我竭盡全力。」十六年以後，這個孩子成為一家知名軟體公司的老闆，他的名字是：比爾・蓋茲。

很多年以前，一個因為家裡貧窮而沒有讀書的年輕人，來到城裡找工作。可是，他發現城裡沒有人看得起自己，因為自己沒有學歷。

這位年輕人在離開那個城市以前，寫一封信給當時很有名的銀行家羅斯。在信裡，他抱怨命運對自己是如何不公平：「如果你可以借我一些錢，我會先去讀書，然後找一份好工作。」

信寄出去了，他一直在旅館裡等待。

幾天過去了，他用盡身上最後一分錢，也將行李打包。就在這個時候，旅館老闆說有一封信要給他，是銀行家羅斯寄來的。他急忙地打開信，在信裡，羅斯沒有對他的遭遇表示同情，而是說了一個故事。

羅斯說，浩瀚的海洋裡有很多魚。那些魚都有魚鰾，可是鯊魚沒有魚鰾。照理說，沒有魚鰾的鯊魚，不可能活下去：牠行動極為不便，很容易沉入水底，在海洋裡只要停下來，就有可能喪生。於是，為了生存，鯊魚不停地運動，不停地奮鬥。很多年以後，鯊魚擁有強健的體魄，成為同類中最凶猛的魚。

最後羅斯說，這個城市就是一個浩瀚的海洋，擁有學歷的人很多，但是成為強者的人很少。而你，現在就是一條沒有魚鰾的鯊魚……

那天晚上，這個年輕人躺在床上無法入睡，他一直在思考羅斯信中的故事。最後，他改變決定。第二天，他對旅館老闆說，只要可以給自己一碗飯吃，他就會留下來幫忙，一分錢也不要。旅館老闆不相信世界上有這麼便宜的勞力，很高興地留下他……

十年以後，這個曾經一無所有的年輕人擁有讓許多人羨慕的財富，並且娶了銀行家羅斯的女兒，他就是石油大王哈特。

所以我們說：那些成功者，都是做最好的自己！

不要被「可能發生」的問題淹沒

憂慮不僅於事無補，還會傷害身體和心理健康。有人說：「我從未見過任何因為工作過度而去世的人，但是見過許多人因為憂心疑慮而死。」

憂慮來自於一些潛在而不明確的威脅，很難以邏輯的方式去應付，最好的處理方式就是以積極的行動去消除它的根源。計畫如何有效消除問題並且努力執行的時候，就不會受到憂慮的困擾。

憂心煩惱就像綿羊一樣，會成群結隊地到來，一個接一個，我們很快就會被「可能發生」的問題淹沒。如果不斷地想到：「萬一……」一個可能會引導出另一個，而且一個比一個糟，就會感覺更茫然。

如果無法避免去想到「萬一……」，就要努力克服問題。集中注意力在解決問題的方法，而不是這些問題可能造成的後果。無論這些問題有多麼嚴重，即使讓我們煩惱得晚上無法睡覺，只要平心靜氣地思考，仔細分析之後，我們就會發現，每個問題都有解決之道。

沒有思想的驅使，就不會有行動的產生。如果發現自己不滿意現在的狀況，可以透過思想的力量去改善，這就像悲觀的想法可以摧毀積極的人生一樣毋庸置疑。成功開始於誠實面對自己所在的境地，擔負自己不可避免的責任，並且制定合理的計畫，完成自我期許的目標。

拿破崙·希爾曾經說：「世界上沒有真正的真理，只有人們以為的真理。」我們相信的事情，總會出現在自己的現實生活中。我們的潛意識會接納自己灌輸的任何事情，尤其是自己在心中抱持堅定而且不斷重複的想法。我們面對前所未有的艱鉅任務的時候，要將精力集中在成功的可能性，而不是失敗的可能性。在任何一項工作中，造成成功與失敗的唯一關鍵，就是用什麼心態去面對。

成功講座 359

Think and Grow Rich

用思考致富

海鴿文化出版圖書有限公司
Seadove Publishing Company Ltd.

作者　拿破崙・希爾
譯者　李慧泉
美術構成　騾賴耙工作室
封面設計　斐類設計工作室
發行人　羅清維
企畫執行　張緯倫、林義傑
責任行政　陳淑貞

出版　海鴿文化出版圖書有限公司
出版登記　行政院新聞局局版北市業字第780號
發行部　台北市信義區林口街54-4號1樓
電話　02-27273008
傳真　02-27270603
e - mail　seadove.book@msa.hinet.net

總經銷　創智文化有限公司
住址　新北市土城區忠承路89號6樓
電話　02-22683489
傳真　02-22696560
網址　www.booknews.com.tw

香港總經銷　和平圖書有限公司
住址　香港柴灣嘉業街12號百樂門大廈17樓
電話　（852）2804-6687
傳真　（852）2804-6409

出版日期　2020年05月01日　一版一刷
定價　300元
郵政劃撥　18989626　戶名：海鴿文化出版圖書有限公司

國家圖書館出版品預行編目資料

用思考致富 ／ 拿破崙・希爾作 ； 李慧泉譯.
-- 一版. -- 臺北市 ： 海鴿文化，2020.05
面 ； 公分. --（成功講座；359）
ISBN 978-986-392-311-4（平裝）

1. 職場成功法

494.35　109004682

Seadove

Seadove